亲子住宅设计

打造让孩子正向成长的家

张海妮　著

江苏凤凰美术出版社

序一

让家成为一个更加开放、多元化的空间

在我采访过的女性创业者中，张海妮的个性突出、擅长表达，令人印象深刻。作为潮汕人，她将家庭放在第一位；作为家居设计师，她格外关注空间和家庭的关系。这些均体现在她的《亲子住宅设计 打造让孩子正向成长的家》一书里，她的生活理念和设计理念完美结合，通过 13 个风格各异的家居案例传递出来，包含了很多令人惊喜的见解和设计创意。

张海妮对家居空间的理解与现代人类学和社会学的发展脉络是一致的。空间是社会关系的重要体现之一，空间设计可以影响人们的行为和情感，进而影响他们的社会关系。因此，设计师需要考虑空间的使用者及其需求，促进人与人之间的互动和合作。

她在书中强调了家庭空间设计对亲子关系的影响。她认为，家庭空间既要满足孩子的需求，也要考虑家长的需求和家庭的整体氛围。她的设计理念注重细节，强调个性化，为不同年龄段的孩子提供了合适的空间和良好的体验。这让我想到了美国建筑师克里斯托弗·亚历山大（Christopher Alexander）在他的著作《建筑模式语言》中提出的观点：空间设计应该从人的需求出发，而不是从建筑形式出发。张海妮的书提供了一些实践性的例子，展示了如何通过家庭空间设计来促进亲子关系的发展。

张海妮的观点也令我想到了美国家居设计师让·斯托弗（Jean Stoffer），她在著作*Establishing Home: Creating Space for a Beautiful Life with Family,Faith and Friends*中，以女性家居设计师的视角强调家庭文化，因而产生源源不断的创造力。张海妮则侧重于强调家庭空间对儿童和家庭的重要性，以及家居设计对儿童教育和家庭亲密感的影响。

作为一对子女的妈妈、一个追求知行合一的人，张海妮在图书的最后一章讲述了她自己的家居实践和经验。她试图打破传统的家庭模式，让家成为平等、共享、有交流氛围的空间，成为一个更加开放和多元化的空间，让家庭成员之间平等地互动，而不是按照性别、年龄等因素来分割家庭空间。她在设计上尽量满足孩子的个性化需求，同时重视孩子的权利和义务，培养他们的责任感和合作意识。这对中国家庭生活来说，无异于超越时代的洞见。

中山大学社会学与人类学学院副教授、博士生导师　裴谕新

2023年5月

序二

家居空间设计对孩子成长的影响
比我们想象的更大

我和海妮已经认识 10 多年了，她既散发着专业的魅力，又是一个懂生活的艺术家。海妮具有敏锐的洞察力，善于从复杂的需求中抓住核心诉求。她常说得先搞清楚居住的本质，再谈设计。做亲子住宅设计，需要结合孩子未来 10 年的需求。我想，这是真正懂得亲子住宅设计意义的人呀。

近日，她与我分享了一个好消息：她的第一本书《亲子住宅设计　打造让孩子正向成长的家》即将出版了。阅读后，我产生了强烈的共鸣。更重要的是，这本书给同为母亲的我带来了启迪。

作为家长，想要给孩子一个完美的成长空间，我们首先想到的是什么？想到的是当下流行的书墙、树屋，以及其他实体家具吗？在书中，作者告诉我们“比起书墙，干净清爽的阅读氛围更重要”。每一个家庭、每一套房子，都有自己的“解题”思路。要了解中国亲子居住视角的转变、家的场景营造手法，关注孩子的内在个性发展，进而营造出有归属感的空间氛围，从“面”到“点”，从合适的、正确的生活方式出发打造属于自己的家。

这不是一本刻板的室内设计书籍。它是作者多年工作、生活实操以及思考感悟的沉淀积累，里面有丰富的理论介绍、设计要点和具体的案例解读，是一本实操性较强的书。我想称它为亲子设计“宝藏书”，书中每一个案例后面都提炼有“拿来就能用”的设计细节。这本书对我的触动很大，家居空间设计对孩子成长的影响比我们想象的更大。

关于亲子住宅设计，首先我们要关注的是人与人的关系，其次才是人与空间的关系。做了一个规划得很好的室内空间，它不一定就是好设计。真正的好设计，是居住者本身的互动体验和长期生活在其中的积极反馈。希望阅读这本书后，你也会和我一样深受启发，学会一些正向引导孩子和提升亲子沟通的方法，从而拉近与孩子的距离。在室内空间里，既能亲密共处，又能自由独处，原来没有那么难。

妈妈网创始人　刘颖

2023 年 5 月

前言

给孩子什么样的家，他就会成长为什么样子

有一次跟客户聊天，我们谈到了一个话题：如果有 50 万元的预算，你会买一辆好车还是装修一套房子？客户坚定地选择了后者。好车只有自己享受，装修好一个空间是全家都受益的事情。

后来，我帮他把原本打算用于出租的小房子，设计成了“家庭书房”——作为家以外的第二空间，不仅为他提供了安静的办公场所，也让孩子养成了专注学习、专注玩耍的好习惯，还为家人相处创造了独特的场景，让生活充满更多可能性……至今他仍觉得这是最好的选择。

20 余年的职业生涯里，我一直认为私宅设计是一件边界很模糊的事情。家的设计，不应该在图纸确定、装修完成时就结束了生命周期，而应在人住进房子后，才开启一段新的旅程。设计的价值不在于完工时漂亮的实景照片，而在于日后的每一天实实在在地拥有更高的生活品质。

人是环境动物，好的私宅空间不仅能影响我们的生活，还会影响孩子的成长。我一直认为，相比起学校，家才是孩子成长的第一环境空间。这不仅是因为孩子待在家的时间更长，更因为家是最重要的亲子共处空间。中国人非常注重耳濡目染、言传身教，不是没有道理的。给孩子什么样的家，他就会成长为什么样子。

作为父母的我们，在私宅生活里能够给予孩子什么？

可能更重要的不是能力的培养，很多能力的培养是在学校里完成的。我认为父母要做的，是从小培养孩子良好的习惯，以及引导其形成积极向上的价值观。比如，养成阅读的习惯、思考的习惯、独立自主的习惯，学会尊重他人，热爱生活，发现美，积极看待事物，等等。私宅空间设计与家居物品可以帮助我们更好地实现这种正向价值的引导。

本书收录的 13 个亲子住宅设计案例，是从家语设计以往数百套的私宅设计中精心挑选出的具有典型性、普适性、引导性的案例。除了设计案例，我和团队回顾了家语设计过往的亲子住宅实践和研发经验，以及与业主深入交流亲子居住方式后的思考，总结出了当下国内亲子住宅的设计趋势和引导孩子正向成长的设计要点。当你想为孩子设计一个家，但又不知道如何着手时，可以从本书中快速获得一些灵感和方向。

我是一名室内设计师，也是两个孩子的母亲，正向成长的理念、实践体现在我的日常生活中，以及与孩子的相处细节里。因此，本书最后一章分享了我的家居观和促进孩子正向成长的具体实践，希望对关注儿童成长与亲子共处的家长有所启发。

家语设计创始人　张海妮

2023 年 5 月

目录 CONTENTS

第 1 章
13 个让孩子正向成长的亲子之家

第 2 章

中国亲子居住关系的变化趋势

第 3 章

我的家居观与促进孩子正向成长的实践

第 1 章

13 个让孩子正向成长的亲子之家

案例 1 亲子阅读空间：阅读不是一种能力，而是一种习惯

案例 2 57 m² 学区房：空间再小，也要有表演台，让孩子从小不怯场

案例 3 生活场景多变的家：把父母对生活的热爱“传染”给孩子

案例 4 学霸家庭的居住理念：从小培养专注力，不用操心孩子的学习

案例 5 开放共处的家：打破儿童房的边界，处处都是儿童房

案例 6 三代书香学区房：可以亲密共处，又能自由独处

案例 7 家庭书房：家以外的第二空间，换个环境进行沟通

案例 8 “躲猫猫”之家：儿童房与父母房连通，营造充满趣味的家

案例 9 斜顶星空房：“鸡肋”空间变身儿童乐园，打造成长秘密基地

案例 10 音乐之家：家人有共同的兴趣爱好，像朋友一样相处

案例 11 超好玩的童话之家：用一扇厨房窗连接亲子关系

案例 12 自由滑轮滑之家：不想错过孩子的成长期与陪伴期

案例 13 “杯子控”的家：充分享受爱好，并与孩子分享你的热爱

案例 1

亲子阅读空间：阅读不是一种能力，而是一种习惯

建筑面积：98 m²
改造后格局：3 室 2 厅 1 厨 1 卫
居住人员：夫妻 +2 个女儿

父母都希望孩子喜欢看书。阅读很多时候不是一种能力，而是一种习惯。家居环境对孩子养成阅读习惯的重要性，远比你想象的要大。传统客厅沙发的坐姿过于舒适懒散，孩子很难长时间保持专注；过多的生活杂物、杂乱的色彩，容易分散注意力，孩子很难静下心来阅读。

如果客厅像图书馆或书店一样，没有过多干扰因素，就会对孩子产生一定的行为暗示，引导孩子自然而然地拿起书籍。打造家庭图书馆，也能增进家人之间的交流，享受高品质的亲子相处时光。

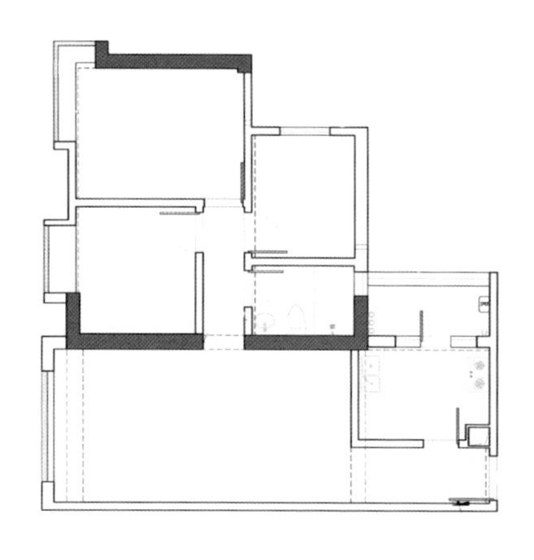

改造前户型图

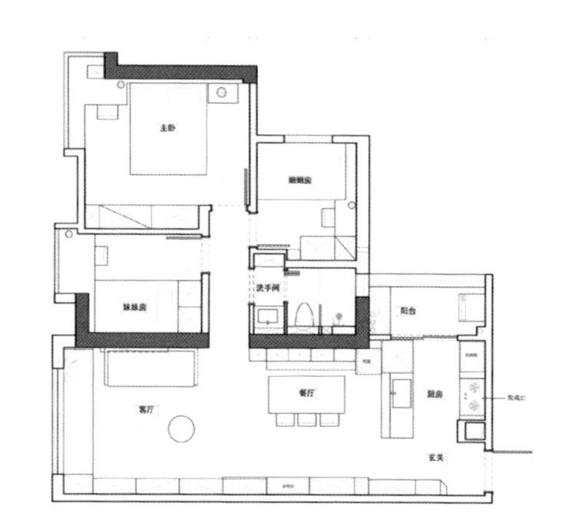

改造后户型图

比起书墙，干净清爽的阅读氛围更重要

营造良好阅读氛围的第一步，不仅仅是打造整面书墙，而是为空间做减法设计。阅读时不经意抬头，不要看到干扰视觉的生活物品。

色彩减法：将玄关、厨房、餐厅、客厅视为整体空间，60% 的原木色搭配 35% 的白色、5% 的黑色，空间给人的整体印象是温暖而简单的。

收纳减法：生活杂物较多的公共空间绝大多数采用封闭式收纳，目之所及皆是干净整洁的块面。客厅书墙上有两排封闭式抽屉，用来收纳杂物，避免物品堆积到书柜上，造成凌乱和视觉干扰。

书柜设计的尺寸细节

❶ 书柜层板：考虑到家里的书籍开本，层板高 30 cm 或 32 cm、宽约 49 cm、深 35 cm，兼顾美观和实用性，书籍可以竖放或平放。

❷ 生活杂物抽屉：高 13 cm，可以收纳充电线、剪刀等；距地 100 cm 高，大女儿可以轻松打开。

❸ 玩具收纳抽屉：高 24 cm，收纳小女儿的玩具，方便孩子自己取放。平常将玩具收起来，孩子阅读的时候不会分散注意力。

营造阅读氛围的“四感”

包围感：包覆式木盒子设计，给人安全感和归属感，更容易静下心来。

聚焦感：低矮的落地灯提供充足的亮度，空间腰线高度的聚焦光更容易形成“阅读场”，有助于精神集中。

放松感：色温 3000 K 的暖黄灯带搭配原木色的家具、地板以及棉麻纱帘，空间安静而使人放松。

舒适感：多备几个棉麻抱枕，可靠、可抱，也可放在腿上承托书籍。

坐的多样性：不同坐姿都能舒服地阅读

在解决书籍收纳问题之前，还要考虑一个问题：如何坐得舒适？想让好动的孩子实现长久地阅读，就得让其坐得舒服。将多人位沙发、地毯、单人位沙发、地台相结合，采用多样化的座位形式，可自由变化坐姿，满足多人一起阅读的需求。

小女儿的阅读场景：以亲子阅读为主，平常多坐在地毯上看书，或者人坐在地毯上、书放在地台上。

大女儿的阅读场景：大女儿已经上初中，大部分时间是独立阅读。通常会坐在地台上看书，或者靠着书墙角落阅读，地台上随手放一杯果汁或茶。沙发背后的落地灯灯头可移动，兼顾地台和沙发的阅读需求。

父母的阅读场景：晚上孩子睡觉后，或周末休息时，父母会坐在沙发上看书，只开灯带和台灯，氛围温馨治愈。

亲子阅读场景：妈妈跟孩子在地台、地毯、沙发上阅读；或者妈妈坐在沙发上、女儿坐在地毯或地台上，面对面交流。

客厅一角的四种坐姿

❶ 坐在地台上看书，可正坐，可盘腿。

❷ 背靠“木盒子”阅读，背部有承托。

❸ 坐在沙发上，背靠抱枕，坐姿更端正。

❹ 坐在地毯上，以沙发为软靠背。

矮地台的存在，“盘活”客厅使用场景

矮地台是一个非常实用的设计，它的存在让客厅的使用场景有了更多可能。地台高 35 cm，孩子双脚能轻松着地，更有安全感；65 cm 的加宽座面，利用率更高，亲子可以在加宽的地台上玩耍，偶尔也能躺着休息。

矮地台 + 地毯：孩子在地毯上玩玩具，地台可以作为桌面使用。

矮地台 + 沙发：地台兼具边几功能，可以放置茶杯和点心等。

矮地台 + 开放式收纳柜：可随手拿取书籍，作为女儿专属的书籍收纳区使用，培养孩子自主收纳的好习惯。

“拿来就能用”的设计细节

❶ **可移动黑板墙**：姐妹俩可以一起在上面画画，或家长用来辅导孩子写作业，也有遮挡杂物的作用。

❷ **投影插座**：天花板上特地留出加宽的灯槽位和插座，后期有需要的话，装上投影幕布，客厅就能变成家庭影院。

❸ ❹ **书柜**：不仅能收纳书籍，还能放置音响、香薰机、风扇等小电器，或者为手机充电。在距地 30 cm 和 130 cm 高度的书柜背板上分别预留插座，方便后期使用。

❺ **射灯**：灯光不仅能提供基础照明，结合场景设计，还可以营造阅读氛围。比如书墙与地台交接的位置非常适合阅读，在该位置的正上方天花板上设计一盏射灯，可提供充足的光源。

案例 2

57 m^2 学区房：空间再小，也要有表演台，让孩子从小不怯场

为了给孩子创造更好的学习环境，很多父母不惜花重金购买学区房，从大房子搬进小空间。由于住得不长久，一些学区房会被当成临时居所。其实在学区房里居住的这段时间是孩子成长最为关键的 6 年甚至 9 年。居住环境给孩子带来的感受是舒适、方便、美好，还是糟糕、局促、将就，会对其生活观产生深远的影响。

这个仅有 57 m^2 的学区房，每一个空间都很舒适，拥有丰富的亲子共处场景，孩子也拥有专属的表演舞台。

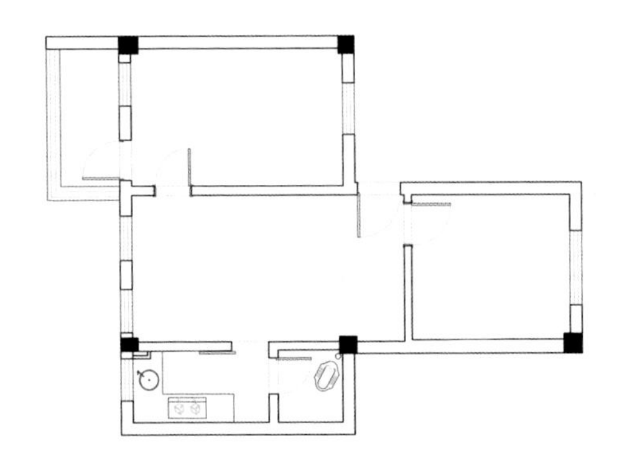

改造前户型图

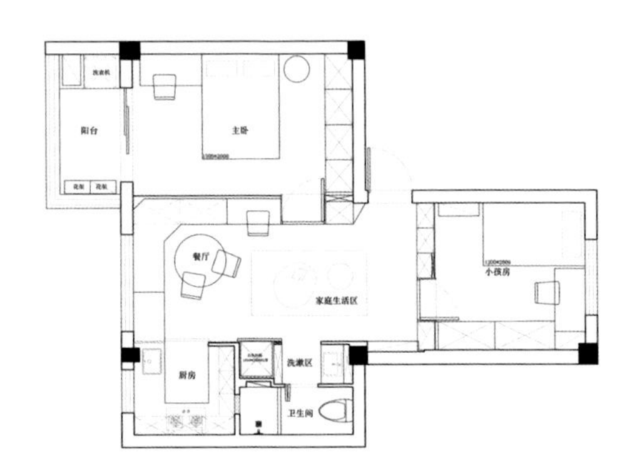

改造后户型图

自由定义的转角卡座，丰富客厅场景

公共空间的面积不足 15 m^2，要满足会客、用餐、阅读等功能需求，还要显得开阔。设计师主要从两方面发力：一是家具轻量化，二是功能复合化。

亲子剧场模式：玄关的定制背景墙颇具仪式感，一旁的装饰墙营造出优雅的氛围，这里是女儿的最佳表演台。孩子拉小提琴时，父母在卡座上观看，让孩子从小习惯舞台的感觉。

家庭影院模式：玄关定制柜顶部藏有投影幕布，随时切换为家庭影院模式，一家人或坐在卡座上，或铺上地毯席地而坐，营造观影氛围。

亲子阅读模式：孩子和妈妈在圆桌上阅读、做手工，爸爸在一旁的书桌上办公，一家人即便各自忙碌，也要尽可能地待在一起。

亲子玩耍模式：卡座、书桌、玄关柜等统一靠墙，让出最大的活动空间。铺上地毯，孩子可以愉快地跟妈妈玩玩具、“过家家”。

目之所及皆是美好，从小播下审美的种子

复古感：很多人认为复古风格只适合大户型，其实不然。白色的温莎椅、浅木色四足桌、奶白与蓝灰配色，清新而不厚重，小空间也能轻松拥有复古情调。

装饰墙：私宅的美好氛围通过一面墙来实现，复古照片墙契合了空间的整体格调，丰富的装饰画主题启发孩子的创造力。

美好的一角：随时更换鲜花与软装布置，为家带来新鲜感，这样的日常行为也会感染孩子，让她自发地向往美好的生活。

A map of the
EUROPE
NORTH AMERICA
ASIA
AFRICA
OCEANIA
家

消解门洞，化零为整，营造美好氛围

通往户外、主卧、儿童房、厨房、卫生间的 5 扇门，让不大的公共空间显得更加零碎，既影响居住感受，又破坏空间的整体性。设计师通过以下两种方法，有效优化了空间。

一是挪动门的位置。很多时候仅仅挪动门洞，就能大大提升空间的舒适度。将原主卧门挪至另一侧，保障了卡座区域的完整性；同时挪动儿童房门洞，让出玄关柜的位置，功能动线更合理。

二是将室内门隐藏于定制柜中。采用化零为整的手法，将室内门作为定制柜的一部分，门上的装饰线条与定制柜线条相呼应，将门洞化为无形。无论书桌一侧的墙面，还是玄关一侧的墙面，均为完整干净的纯白块面。

整墙定制柜的设计细节

❶ 主卧门。

❷ 入户门。

❸ 儿童房门。

❹ 开放式柜 + 收纳盒：小空间的收纳柜尽量不要全部做满或全封闭，保留较多的开放层，可以在视觉上延伸空间，也方便收纳。

❺ 柜体深度为 49 cm，可以收纳大部分书籍与收纳盒。

❻ 书桌高度为 82 cm，搭配高度为 15 cm 的抽屉，符合人体工学。

❼ 卡座木格栅背板与书桌等高，提升装饰性，让立面设计更加整洁利落。

空间功能完备，小户型居住不将就

原来的厨房和卫生间都很小，卫生间直冲厨房，且干湿不分离，洗漱只能借用厨房水槽，居住体验相当糟糕。功能空间的完备性是品质居住的基础。借用公共空间面积，卫生间实现了三分离，厨房拥有两个大操作台面。

厨房一侧的操作台延伸至卡座，加长台面，与朝向公共区域的冰箱、烤箱、圆桌，共同组成西厨区，为亲子烘焙提供了充足的空间。

“拿来就能用”的设计细节

一扇可自由移动的复古黑色玻璃吊轨铁艺门是整个空间的设计亮点，让厨房、电器柜、卫生间、装饰墙的立面丰富且统一。

❶ **黑色门框**：纤细的黑色门框为空间增添了复古格调。

❷ **透明玻璃**：挡风不挡光的透明玻璃让空间更显通透，同时隔绝油烟。

❸ **切换模式**：厨房半开放模式与全封闭模式随时切换。

❹ **遮挡杂乱**：既能适当遮挡电器柜，又可以阻挡来自卫生间的气味。

案例 3

生活场景多变的家：把父母对生活的热爱『传染』给孩子

建筑面积：134 m²
改造后格局：4 室 2 厅 1 厨 2 卫（复式）
居住人员：夫妻 +2 个孩子 + 老人

这是一套精装修改造房，业主不喜欢千篇一律的风格。在颇多条件的限制下，设计师通过恰到好处的改造，帮业主打造了专属于这个家的生活场景。

女主人对品质的追求与对生活的热爱，通过空间设计传达给孩子。同时，灵活多变的场景让家时时保有新鲜感，孩子更喜欢待在家。男主人也更能理解另一半所追求的那种生活里“暗戳戳的欢喜”。

改造前一层户型图

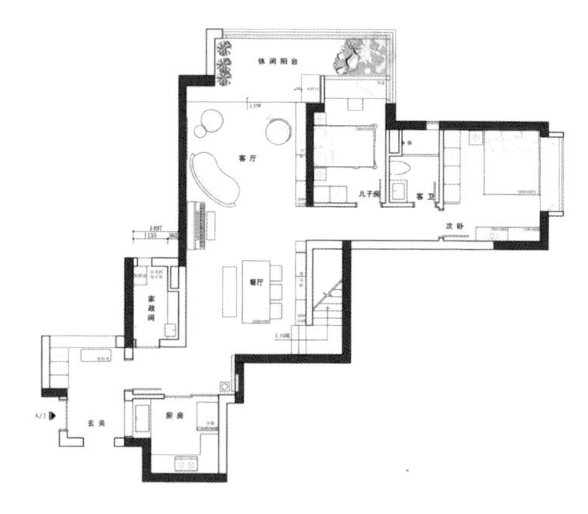

改造后一层户型图

玄关端景区，每天回家都有归属感

原户型布局不合理，鞋柜在走廊尽头，进门两侧分别是卫生间和厨房，空间显得零碎且缺乏美感。设计师通过以下“微操作”，不动硬装，让空间气质“改头换面”。

将鞋柜外移至电梯间：不让凌乱的鞋子进入室内。

在走廊尽头打造端景区：展示装饰画及花艺，搭配射灯，营造美术馆般的高级感。时时更换挂画与摆设，成为与家人沟通、传递美好的方式。

将护墙板从电梯间延伸至室内：细碎的、不同材质的墙面变得整体统一，大大提升空间格调。

将原卫生间改造为家政间：更换隐形门，既保障立面的整体性，也为洗衣机、杂物找到容身之所。

为晚归的家人留一盏灯

将护墙板延伸至室内的收口位置，并嵌入灯带。家人晚归时，为其留一盏灯。一天辛劳归家，打开门，迎接自己的是独属于“我家”的美好画面，以及温暖的氛围灯光，归属感油然而生。

阳台“居心所”，一家人都能享受的自由空间

精装修房改造过程中，合理规划预算很重要。简言之，就是要把钱花在刀刃上。在尽可能少改动硬装的情况下，改变空间气质。阳台被定义为家的“居心所”，是最花精力与费用的地方。

斜顶玻璃房：比常规平顶封阳台多了几分设计感和温馨感。

阳台“盒子”：精选进口木纹砖包裹阳台，氛围感更强，提升空间纵深感；少量点缀花纹小砖，增添精致感，兼顾了“颜值”和实用性。

灵活的家具：纤细的金属扶手椅、小巧的毛毛虫沙发、藤编坐垫、轻便的小茶几、可移动小推车……根据使用需求，可灵活调整布局，满足妈妈在树下阅读、爸爸在灯光氛围里品酒、孩子在宽敞的空间中玩耍等不同的场景需求。

家庭影院：利用原阳台的窗帘盒安装投影幕布，随时变身家庭影院。

儿童房“盒子”空间，聚焦学习，框住美景

原儿童房面积很小，只放得下床和衣柜，没有书桌的位置。设计师借用阳台部分空间给儿童房，打造“盒子”书桌，完善儿童房功能。

包裹式空间：让孩子更好地聚焦在学习上，同时弱化横梁的存在感。

书桌加高墙围：学习时视线集中在桌面范围内，有助于集中精力，不受干扰。随着书籍增多，一侧桌面可增加收纳架，随着不同年龄段的需求灵活调整。

窗外绿植：增加趣味性和开放感，孩子一抬头就能看见自然绿意，有助于放松双眼与心情。

“拿来就能用”的设计细节

做好软装布置，能轻松改变精装修房的气质。软装搭配时记住下面两条法则，可以快速把握空间的整体感和个性气质，让家真正成为“我”的家。

❶ **物与物的呼应**：黑白棋盘格画框、黑白棋盘格茶几、黑白棋盘格花瓶，棋盘格元素在空间内相互呼应，成为设计内在整体性的一条线索。

❷ **物与人的呼应**：墙上的一幅装饰画——一位母亲正在弹钢琴，两个孩子在一旁玩耍，巧妙呼应了业主家的钢琴与一双儿女。优雅的秋千复古画就如业主给人的印象……在装饰元素中融入居住者的喜好，虚实结合，凸显这个家与众不同的个性与格调。

案例 4

学霸家庭的居住理念：从小培养专注力，不用操心孩子的学习

建筑面积：102 m²

改造后格局：3 室 2 厅 1 厨 2 卫

居住人员：夫妻 +1 个孩子 + 老人

在孩子的成长过程中，学校环境很重要，家居环境也同样重要。业主是一对学霸夫妻，回顾自己的成长经历，他们得出一个结论：从小培养孩子的专注力，让孩子能够自主、高效地学习，就不需要父母过于操心。培养孩子的专注力离不开对家居空间有针对性的设计。

这个项目不遵从传统空间的布局思路，而是精准地围绕着居住者的需求量身定制，打造专属的亲子成长住宅。

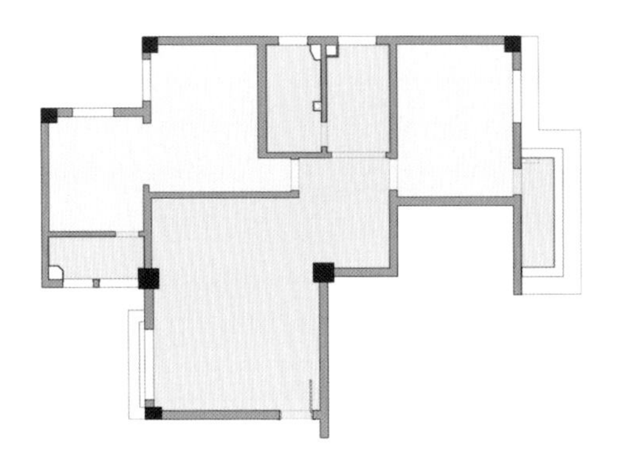

改造前户型图

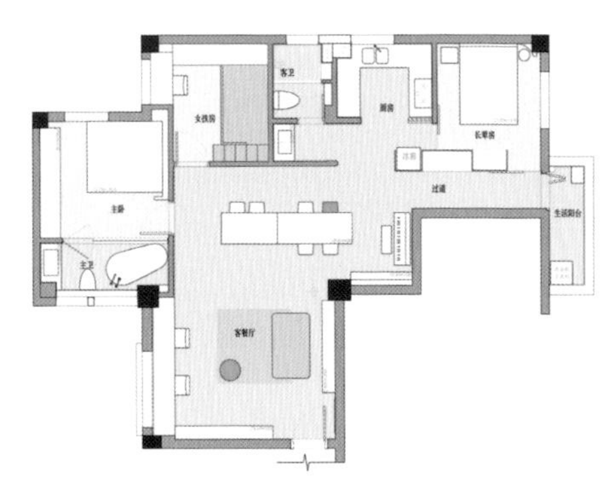

改造后户型图

在专用的地方专注地做事情

业主认为专注力是日积月累养成的。在日常生活中，孩子学习、阅读、弹琴、玩耍等都要有专门的区域。这些功能区域不局限于儿童房，而是贯穿了整个空间。

学习区：客厅的长书桌是父母办公、孩子学习的地方，靠墙的书桌既保证了采光，又能减少孩子学习时的视线干扰，有助于集中精力。

阅读区：舒适的沙发是专属的阅读区，沙发背后是顶天立地的书墙，营造阅读氛围；沙发一侧的落地灯提供了充足的照明，也有助于集中精力。

玩耍区：孩子玩耍主要在以下两个区域。客厅地毯的开放空间是亲子活动的地方；房间里也有孩子的秘密基地，是孩子独自玩耍的空间。

钢琴区：钢琴位于餐桌一侧，面向墙壁，可以减少干扰。孩子弹琴时，妈妈有时在餐桌上看书，有时给予指导，有时温馨对话，有时四手联弹，度过温馨的童年陪伴时光。

孩子是与父母共同成长的朋友

这套住宅非常值得分享的一个设计点是：将孩子的学习区与父母的工作区并置，这不仅是一种设计手法，更是一种亲子共处理念。在业主看来，培养孩子的过程中，父母也在不断地学习和成长，父母和孩子是共同成长的朋友。这种平等的相处方式有助于帮助孩子更好地养成独立的性格和生活习惯。

小房间、大客厅，家人长时间地待在一起

原户型只有两间卧室，主卧和老人房的面积都比较大。业主认为卧室是睡觉的地方，满足基本的睡眠功能即可。释放出更多卧室空间，为家人创造最大尺度的相处空间。得益于这样的想法，设计师对空间做了精细化的调整。

“一换三”的空间置换思路：从原主卧拆分出儿童房，并让出部分空间给餐厅；借用老人房空间，拓展厨房空间和通往阳台的过道。通过缩小卧室面积换来客餐厅一体空间，同时厨卫功能更加完备，为室内引入更多采光与景致，一举三得。

以大餐桌岛台为核心的空间动线：两条动线穿梭，走路不“打架”，也让空间更显开阔。大岛台提供了充足的空间，平常妈妈和孩子可以一起烘焙，偶尔也会举办生日会、朋友聚会等家庭活动。

HAPP
THDAY
TO YOU

9 m^2 的成长型儿童房

业主对儿童房的期望是：满足睡眠功能即可。但在有限的空间内，设计师尽可能让儿童房的功能更加完备，打造跟随孩子一起成长的儿童房。

睡眠区：利用高架床“偷”空间，孩子拥有了宽敞的单人床。

阅读书架：高架床的一侧是开放收纳柜，楼梯踏步也具有收纳功能。

秘密基地：高架床下方是孩子的秘密基地，孩子很喜欢在这里玩玩具。长大后，这里也是一个安全感十足的私密空间。

学习区：虽然客厅有学习区，但考虑到孩子长大后对私密性、个人空间的需求，需要安静阅读、写日记等，因此预留了书桌椅。

衣柜收纳空间：打造满墙衣柜，巧妙借用高架床，最大化创造衣柜收纳空间。

“拿来就能用”的设计细节

处于成长阶段的孩子是不断变化的，比如有的孩子小时候喜欢粉红色，大一点后就不喜欢了。为了更好地满足孩子不同阶段的成长需求，儿童房的设计也要考虑孩子的成长和变化。学会以下四种设计手法，打造看不腻的成长型儿童房。

❶ **使用中性色**：少用粉红色、粉蓝色等传统色彩，多用白色、原木色、莫兰迪色等没有性别指向的色彩，更容易搭配。比如这个项目的儿童房就用了白色搭配蓝灰色，营造出安静的空间氛围。

❷ **轻硬装，重软装**：适当添加童趣元素，可以考虑从软装着手。如果孩子喜欢迪士尼公主，则可以选择公主款的床品，而非一张公主床。孩子看腻了可随时更换。

❸ **利用垂直空间**：儿童房通常面积较小，可以使用定制高架床，最大化利用空间。床体下方可以做衣柜、书柜、书桌等，也可打造成孩子的秘密基地。

❹ **注重私密性**：孩子步入小学三四年级后，尤其是女孩子，会越来越注重私密性。做空间设计时，要兼顾孩子的私密性、安全感需求。

案例 5

开放共处的家：打破儿童房的边界，处处都是儿童房

建筑面积：136 ㎡
改造后格局：3 室 2 厅 1 厨 2 卫
居住人员：夫妻 +2 个孩子 + 老人

这个家里有一个自认为有些许强迫症的妈妈和两个活泼好动的男孩。妈妈希望家能时刻保持整洁、美观，并在此基础上满足孩子的玩耍需求以及大量的物品收纳需求。

我们打破了传统的儿童房边界，将成长需求有机融入各个空间，让整个家都成为孩子的乐园。一条贯穿家事区的洄游动线不仅让女主人更好地享受家事过程，也让孩子拥有可自由奔跑的趣味性空间。

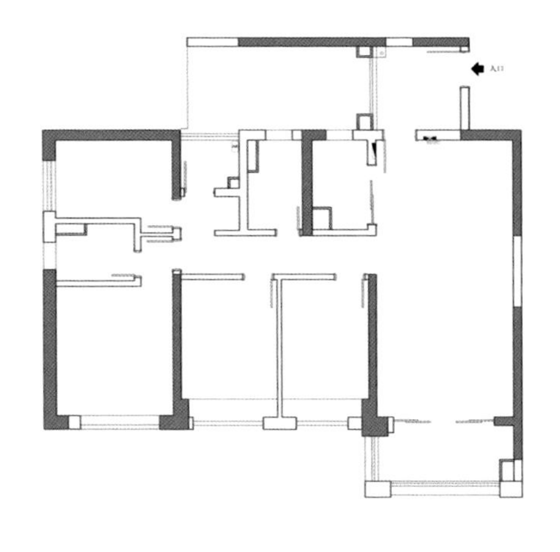
改造前户型图

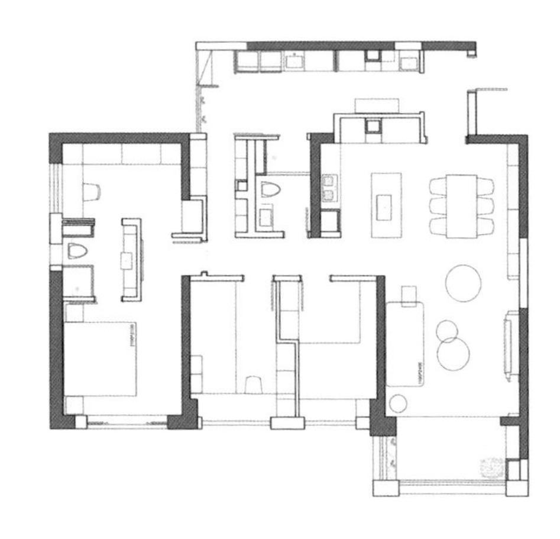
改造后户型图

大洄游动线：妈妈的天地、孩子的乐园

房子是格局方正的精装房，能够满足基础的居住功能，但业主希望拥有更高品质的居住环境，于是决定重新规划设计。设计重点是入户功能区。设计师沿着玄关、鞋柜、生活阳台、家政间、卫生间、开放式厨房、餐厅，做了一条大洄游动线。

集成生活功能：鞋柜与生活阳台相连，进出门脱鞋、挂衣、洗手，动线流畅，不把灰尘带进起居空间。生活阳台不仅能洗衣、晾晒，也有充足的空间收纳自行车、行李箱等大件物品。

家事、收纳一体化：生活阳台通向家政间，扫地机器人、洗地机、打印机等小家电都有了归处。充足的收纳空间让其他功能区得以保持整洁、干净；玩具和书籍也有专属收纳柜，教导孩子每次玩完玩具要收好，妈妈在日常生活中会更省心。

充分“放电”的动线：抬高鞋柜和生活阳台，其他区域地板通铺，形成趣味性动线。孩子喜欢在这里奔跑，充分释放精力。

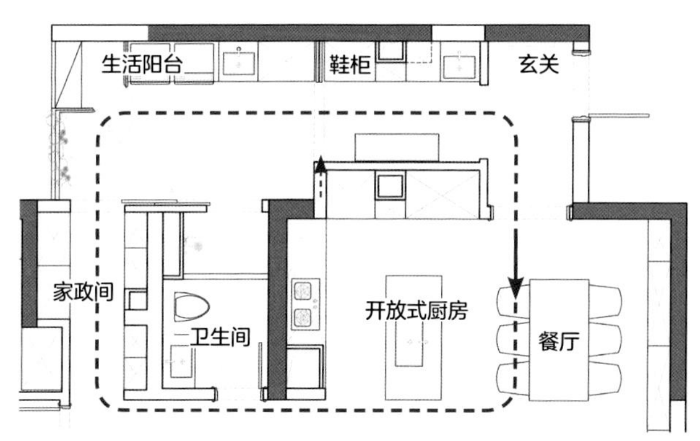

大洄游动线示意图

开放式厨房，让孩子更喜欢参与家事

很多开放式厨房都是为妈妈设计的，但这个项目的开放式厨房则是为孩子设计的。住在旧家的时候，业主发现孩子对烹饪很感兴趣。尽管担心过油烟问题，但业主还是决定做开放式厨房。

下厨的人不再孤单，玩耍的人可以闻到饭香。妈妈在厨房做饭时，抬头便能看到在客厅玩耍的孩子。孩子玩耍的时候，抬头就能跟妈妈对话。消除空间隔阂，获得了更好的亲子对话时间。

亲子烹饪，让孩子更喜欢参与家事。有了操作便利、安全的开放式厨房后，孩子对家事的参与度提高了。哥哥和妈妈在一起烘焙时，爸爸和弟弟在吧台观看玩耍，家人的相处场景更加多元。

开放式厨房的安全性设计

除了油烟问题（业主选择了大吸力抽油烟机，基本可以杜绝油烟问题），很多业主犹豫是否做开放式厨房，还会考虑孩子的使用安全性问题。其实开放式厨房也可以很安全。

水火分区：将水槽与炉灶分开，孩子择菜、清洗、准备食材只在岛台区域，水火分区更安全。

刀具上墙：刀具通过轨道系统上墙，既能释放台面空间，也不必担心孩子乱拿。

使用轨道插座：岛台一侧和餐边柜上均有轨道插座，既可以提升空间“颜值”，又便于使用各种小家电，可有效避免溅水、误触。

厨房的安全性设计细节

1. 将水槽与炉灶分开。
2. 将刀具统一上墙。
3. 使用安全性更强的轨道插座。

表演区结合沟通式布局，享受亲密无间的亲子共处时光

公共空间采用开放式设计，为孩子提供更大的活动空间，亲子之间也得以亲密无间的沟通。

舞台表演区：将开放式阳台并入室内，抬高地面做地台。这里是孩子的玩耍区，两兄弟可以一起在黑板墙上画画、玩平衡板；这里也是家庭舞台表演区，哥哥打鼓的时候，在客厅和餐厨区的家人都能欣赏到。

灵活的沙发：选择低座面、可移动靠背的沙发，孩子在地毯上玩耍时，沙发宽大的座面上可以摆放玩具；挪动沙发靠背，则创造出不同的对话场景。

“拿来就能用”的设计细节

针对已经独立分房的低学龄儿童，儿童房设计可借鉴以下四点。

❶ **矮地台床更有安全感**：通过宽大的三级踏步进入睡眠区，年幼的孩子不会觉得床很高，更好地感受空间给予的安全感。

❷ **低处收纳**：在地台床一侧做开放式收纳柜，方便孩子随手收纳玩具，养成自主收纳的好习惯。

❸ **加长书桌搭配楼梯踏步**：足够长的书桌既方便孩子自主学习，又可以做手工。楼梯踏步也是座位，妈妈可以在一旁辅导孩子写作业。

❹ **用森林绿色营造温馨氛围**：养眼的森林绿色搭配木地板，营造出童话般的空间氛围，再搭配绿色主题的装饰画，将艺术感植入儿童房。

案例 6

三代书香学区房：可以亲密共处，又能自由独处

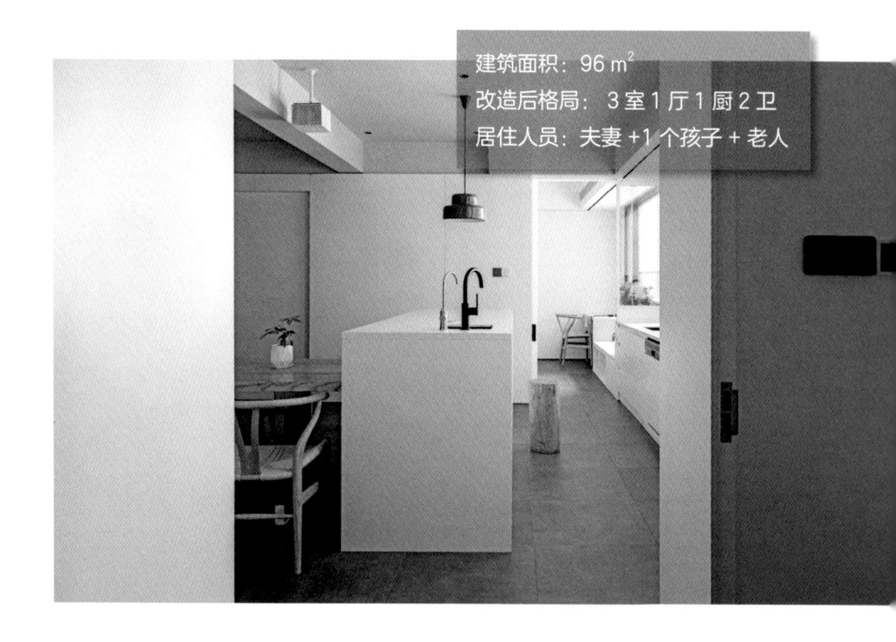

这是一套三代书香家庭的学区房，空间不大，但业主希望每个家庭成员都能有自己的书桌——孩子学习，夫妻俩办公，爷爷奶奶练书法、画画。

房子前身为老旧的单位房，面临着采光不足、暗室、暗卫、布局不合理等问题，拉低了业主的居住期望。业主原本打算孩子上学的时候（星期一到星期五）全家住在这里，周末再回到大房子居住。改造后，焕然一新的空间让每个人都能感受到居住的美好，于是业主直接决定搬过来长住。

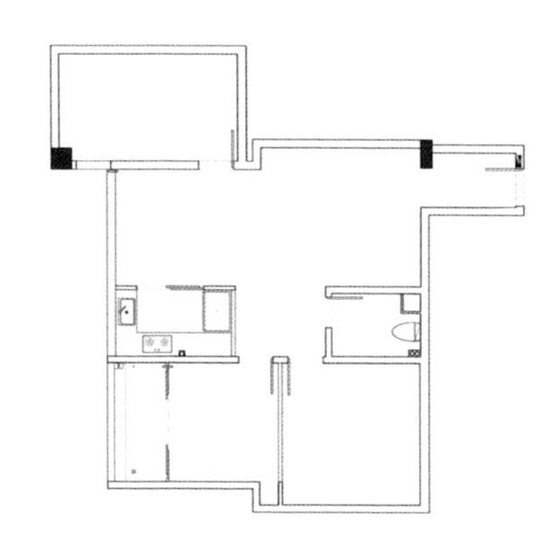

改造前户型图

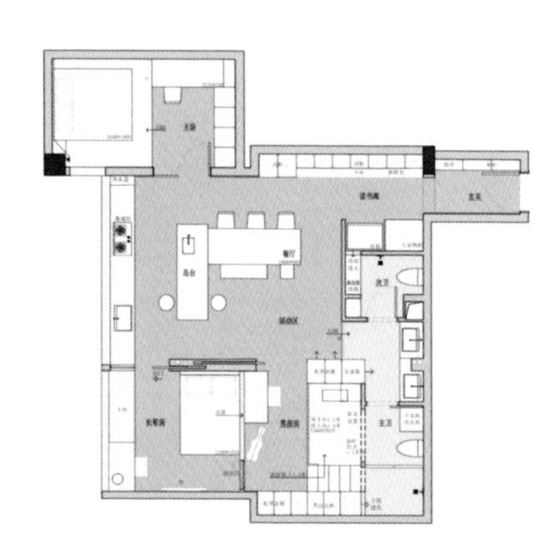

改造后户型图

双洄游动线，让空间看起来更大、更有趣

原户型客厅、餐厅、厨房面积都比较小，居住体验差，但优势是室内墙体均为非承重墙，有充分的改造余地。拆除墙体后，设计师用两条洄游动线贯穿全屋，“盘活”空间。

客厅、餐厨空间的洄游动线：以 2.4 m 长的岛台和 2.4 m 长的餐桌为核心，串联起公共区域。长餐桌为三代人提供了宽敞的就餐空间，妈妈泡茶、爸爸办公、孩子做作业，可以同时在这里实现。

儿童房和老人房的洄游动线：老人房与儿童房之间是一扇连通的推拉门，两间卧室的房门也均为推拉门。当门洞全部关上时，房间各自独立；当门洞全部打开时，形成一条特别的洄游动线，为孩子提供了一个可自由奔跑、玩耍的趣味性空间。

超近楼间距户型，如何确保私密性？

这是一个典型的单面采光的户型，为了更好地引入自然光，需要尽可能地扩大采光面，然而超近的楼间距会影响私密性，怎么破解呢？

设计师使用内置电动百叶帘，轻松破解了这个问题。采光最好的地方规划为厨房，白天做饭不用开灯，满足了爷爷想要有充足烹饪空间的愿望，内置窗帘也减少了油烟清洁的烦恼。

动线分流，三代人和谐居住，互不干扰

原户型主卧与长辈房相邻，动线“打架”，年轻人晚归容易影响老人休息。做好三代同堂空间的动线分流，是和谐居住的基础。设计师重新规划空间布局，将采光最好的主卧让给长辈居住，爷爷奶奶得以在阳光充足的窗前练字、作画。

将原本的暗室改成儿童房，既方便老人照顾孩子，又通过串联空间的推拉门、墙面顶部的玻璃窗，将光线引入儿童房。

主卧与老人房、儿童房之间隔着公共空间的洄游动线。这样年轻人加班晚归，或使用卫生间，均不会影响老人休息。主卧布置有地台床、大书桌，满足基本的睡眠和办公需求。

干湿分离双台盆、双卫生间，家人早上洗漱不“打架”

原户型只有一个迷你卫生间，没有洗漱区，体验感非常糟糕。三代同堂的家庭，双台盆、双卫生间是提升幸福感的重要设计。设计师在卫生间设计上“大做文章”，分别从原次卧、客厅借空间，扩大卫生间面积，提升洗漱区的使用体验。

为了解决缺少沉箱的问题，设计师抬高卫生间地面，多出一个踏步，增加了仪式感。由客餐厅经开放式走廊，进入干湿分离卫生间后，左右分流，如同五星级酒店的配置。高低错落的双台盆设计，方便大人、小孩共用。

“拿来就能用”的设计细节

虽然这个家只有 96 m^2，但居住空间感达到了 120 m^2 以上。这除了得益于双洄游动线的设计，还暗藏了一个设计小心机：用大门洞营造空间感。

通常，室内门的宽度为 80 ~ 90 cm（含门套），而这个项目多为加宽、无门套设计门洞，让整体设计更加简约、高级，无形之中放大了空间感。

❶ **主卧子母隐形门宽** 110 cm：拉平公共空间的定制柜，立面更加简洁利落。子母门完全打开，大门洞让全屋空间贯通，更显尺度之大。

❷ **儿童房隐形推拉门宽** 110 cm，**老人房隐形推拉门宽** 80 cm：推拉门可以完美地隐藏在新砌的墙体里，开门时看不到门扇，动线更加流畅。

❸ **儿童房、老人房连通的隐形门宽** 80 cm：两个房间之间的隐形门带来如同秘密基地一般的趣味感，以及更好的采光。

❹**卫生间开放式走廊门洞宽** 90 cm：多人同时洗漱，动线不“打架”。

案例 7

家庭书房：家以外的第二空间，换个环境进行沟通

建筑面积：50 m²
改造后格局：0 室 2 厅 1 厨 1 卫
居住人员：夫妻 +2 个孩子

这套建筑面积仅有 50 m² 的学区房，业主原本打算拿来出租。后决定推翻进行到一半的装修，重新设计。很多人在装修之前，其实并不知道自己的真实需求是什么，或者需要设计一个什么样的家来满足自身对生活品质的追求。

梳理居住需求与未来的生活规划后，业主决定将这套房定义为“家庭书房”—— 作为家以外的第二空间，在没有过多干扰的场景里，实现更高品质的亲子共处。

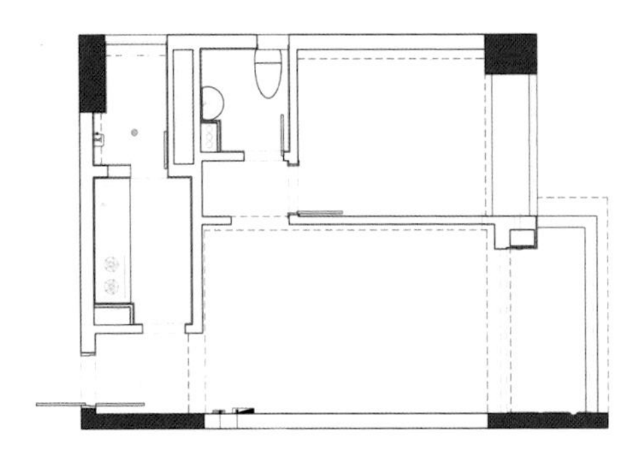

改造前户型图

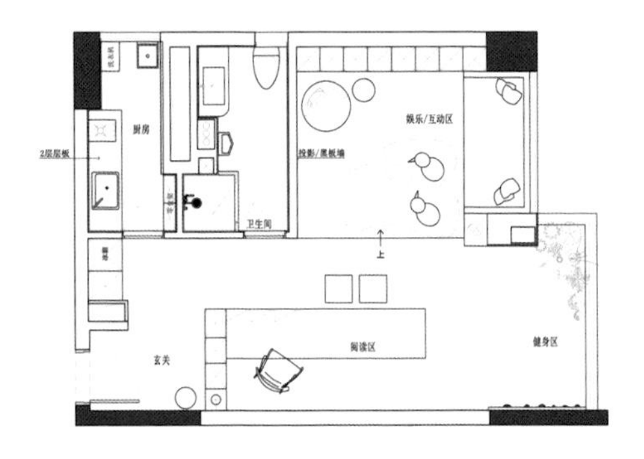

改造后户型图

花 50 万元是买一辆好车还是装修一套房?

我与业主曾聊起一个话题：如果有 50 万元的预算，你会买一辆好车还是装修一套房子？业主认为买好车是自己一个人在享受，装修好一套房子全家人都能享受。

业主平常工作十分忙碌，一直希望拥有一个独立办公的书房。当前居住的家是三代共居状态，不适合这样的生活方式。这套小户型住宅变成了家庭书房的试验场。这里没有电视机，没有过多的生活杂物，也没有容易让人想“躺平”的床，父母和孩子可以在没有过多干扰的场景里更好地相处。

改造后，一家四口都非常享受在家庭书房里的时光。业主还发现孩子无论玩耍还是学习，都变得更加专注了，在家庭书房待一整天也不觉得腻。亲子之间多了许多沟通的话题，家人变得更亲密。

数学课
2+2=?
England
HOW IT WORKS

没有卧室的房子，超级丰富的亲子共处情景

取消卧室，打通墙面，将卧室融入客厅，实现公共空间视觉与功能上的最大化。

地台功能区：将原本的卧室用地台抬高，打造集玩耍、画画、阅读、观影等于一体的多功能空间。弟弟喜欢在这里拼积木，姐姐喜欢坐在舒服的沙发上看书，姐弟俩一起在黑板墙上画画，或者姐姐在这里教弟弟画画。放下黑板墙顶部的投影仪，一家人可以舒服地窝在大沙发上看电影。

长桌办公区：客厅中间摆放着一张长 3 m 的大长桌，这里有爸爸专属的办公位。平常爸爸一个人的时候，只打开办公区的射灯和氛围灯带，氛围非常好；亲子共处时，爸爸办公时一抬头就能看到在地台上玩耍的孩子，内心时时充盈着温暖有爱的美好感受。长书桌旁也有孩子的专属学习椅，爸爸办公时，他们可以在旁边并排写作业。

开启生活的更多可能性，欢声笑语不断的空间

原本定义为家庭书房的空间，入住后业主对它有了更深入的理解，并解锁了更多使用方法。

话题不断的空间：自从住进这里后，亲子之间的沟通话题变多了。孩子玩积木的时候，会兴奋地与爸爸妈妈分享；长书桌底部收纳着玩具，一起玩耍、调整摆设的过程充满欢乐；客厅的照片墙也能产生源源不断的话题，一家四口会讨论当时去了哪里、发生了什么事情……在这个家里，总有说不完的话、聊不完的天。

朋友的聚会场所：全家人非常喜欢约上朋友，在这里举办圣诞聚会、生日聚会等。姐姐跟学校的小伙伴排练节目、讨论小组作业，也会来这里，比外面的餐厅更加自由、无拘束。

姐姐的舞蹈室：阳台的大全身镜有放大空间的作用，这里也是姐姐日常练舞、练体态的地方，家庭书房瞬间变身舞蹈室。

动静皆宜的阳台：爸爸喜欢在阳台的角落里看书，有时候姐弟俩会挨着爸爸一起看。弟弟时常在阳台的洞洞板区玩耍。可以在阳台天花板的挂钩上装设秋千袋，这里瞬间变成儿童乐园，又是另一番热闹的情景。

Marshall
CLASSIC

“拿来就能用”的设计思考

在同一个小区内，我们还设计了一套完全一样的户型，由于业主的居住需求不同、风格偏好不同，最终的设计也完全不同。业主一家三口要在这里常住，需要两间卧室，要有完整的功能区。改造后是 2 室 2 厅的格局。

改造后户型图

❶ 保留原卧室，打造整墙顶天立地收纳柜，收纳空间充足，搭配镜柜门，延伸空间感。床与书桌相连，完善化妆、办公功能。

❷ 长餐桌搭配半开放式厨房，拥有充足的操作台面与收纳空间，提升业主的居住幸福感。

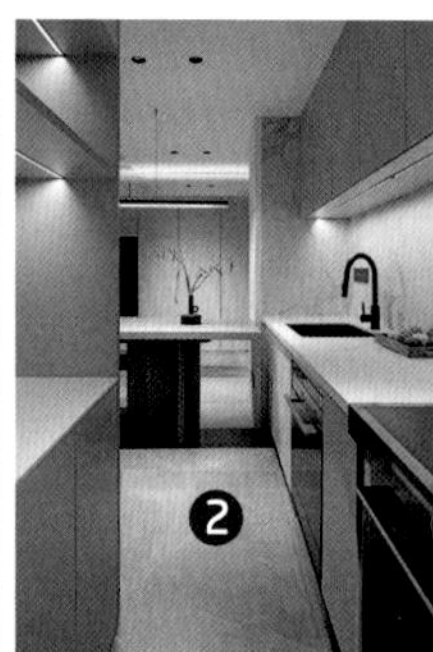

❸ 阳台与客厅之间做榻榻米地台，实现空间利用最大化。日常可作为客厅、茶室、学习室使用。晚上关上可移动推拉门，随时切换为儿童房。

同样的户型，却采用了截然不同的设计。因此，没有什么设计是最好的设计，适合自己的才是最好的。在我们借鉴别人家的改造时，要时刻牢记自己的居住需求，以及最适合自己的设计风格。

案例 8

『躲猫猫』之家：儿童房与父母房连通，营造充满趣味的家

建筑面积：116 m²
改造后格局：3 室 2 厅 1 厨 2 卫
居住人员：夫妻 +1 个孩子

当下，很多房子面临着同样的问题：面积不算小、户型不算差，但不够好用。这套房也是如此，在学区房里其面积算大的，设计中规中矩，居住体验不算糟糕，但也谈不上好用。

业主看了我们为她朋友设计的住宅，深深地体会到好的空间设计会直接影响居住品质与生活幸福感，于是决定优化居住方式。改造后的家，亲子阅读与亲子陪伴成为一种日常生活方式，为孩子创造了一个可以“躲猫猫”的家。

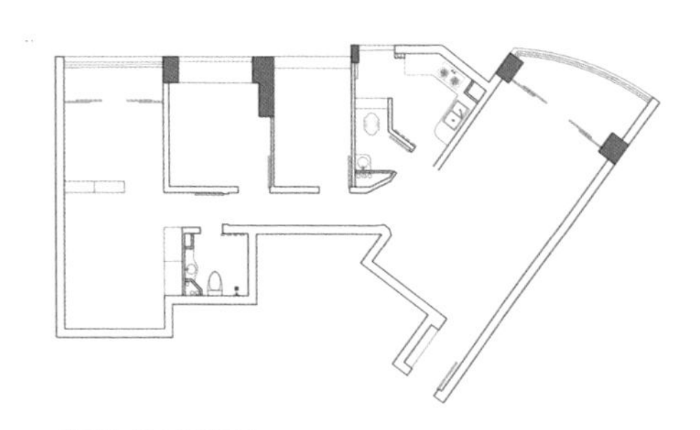

改造前户型图

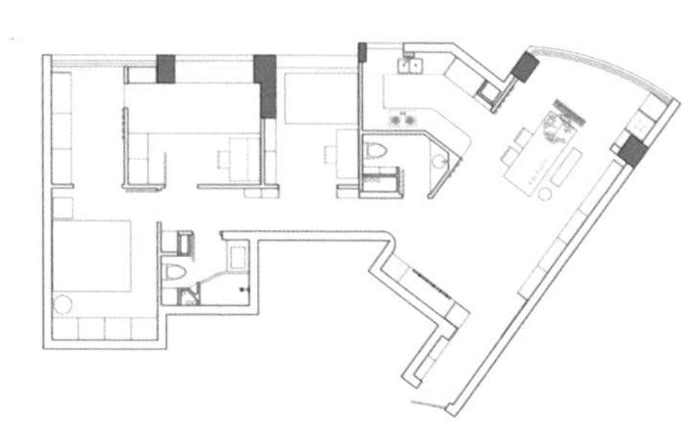

改造后户型图

儿童房与主卧连通，兼顾安全感与私密性

设计这套房时，业主的女儿即将上小学。这个阶段的孩子多处于分房期，心理上对父母有一定的依赖。

一扇亲子沟通的门：在儿童房与主卧之间留一扇门，分房期打开此门，让孩子在心理上拥有安全感。长大后有隐私需求，关门上锁，便是两个独立的房间。连通空间的门洞也是孩子最爱的玩耍区，搭配抬高的地台，形成错落的环形动线，孩子喜欢在这里奔跑、“躲猫猫”。妈妈在卧室书房区办公的时候，孩子可以坐在门洞旁的地台区安静地看书。

空间的重新配置：原主卧面积较大，儿童房面积偏小，将部分主卧空间让给儿童房，提升儿童房的居住功能。孩子拥有 1.5 m 宽的大床、单独的衣柜和书柜区，还有专门的书桌位。

低学龄儿童房的安全感设计

对于学龄前儿童来说，空间的物理安全是设计时的考虑重点。而对于低学龄的儿童而言，赋予空间心理安全感，可以给孩子营造更好的成长环境。

未选用常规儿童床，而是将床垫直接铺在 10 cm 高的地台上，无论从一侧坐上床，还是从矮地台踏步上床，高度缓和，让孩子对空间更有掌控感。

飘窗与床垫、地台衔接，孩子可以窝在飘窗上看书、玩玩具，宽大的“领地”让孩子能够自由尽兴地玩耍。

拱形门洞、弧形天花板，柔和的曲线增加亲近感，有效缓和空间棱角，制造心理上的安全感受。

开放式次卧与黑板走廊，充分利用低效空间

原户型的一大缺点是长长的走廊降低了空间利用率。设计师通过两个设计手法，盘活低效空间。

将长走廊变为家政收纳廊：利用次卧门口空间、卫生间墙面，设置深浅不同的隐形收纳柜，完美解决家政工具、生活用品、行李箱等的收纳问题。

打造开放式次卧与走廊黑板墙：在次卧做矮地台，搭配推拉门，变成与走廊连通的半开放空间。在走廊墙面上贴磁性黑板贴，孩子可以在这里画画。地台为妈妈和孩子一起学习、玩耍提供了充足的空间。若长辈偶尔过来小住，关上门就是独立房间。

客厅不一定要有沙发，以阅读和表演为核心

设计之初，业主就明确了以亲子共处、孩子成长为设计出发点。取消客厅沙发，改变厨房门的朝向后，形成客餐厨一体格局，整个客厅场景变得丰富起来。

环餐桌动线：实木餐桌代替沙发成为公共空间的中心，客厅书墙、厨房环绕着餐桌，阳台个性的格栅屏风为餐桌区增加了美感与趣味性。

多样化的空间场景：坐在餐桌旁的家人可以便利地与在厨房的家人聊天，增进沟通；父母可以舒服地坐在这里欣赏女儿弹钢琴；女儿和妈妈可以在这里阅读、做手工、插花。

客厅书墙：营造亲子阅读氛围，帮助女儿养成随手拿取书籍阅读的好习惯。轻便、小体量的豆袋沙发不会占用太多空间，且方便移到任一角落。

Rummikub

“拿来就能用”的设计细节

越来越多的人喜欢在客厅定制书墙。如何让你家的书墙变得更好用、更好地融入生活？可以借鉴这个项目中的以下几个小细节。

❶ **开放式书柜**：阅读氛围更浓厚，孩子看到书籍，才会下意识地拿取阅读。

❷ **低矮处的开放层**：女儿的书籍专区，方便自己拿取、收纳。对小朋友来说，这里就像图书馆的阅览室一样有亲近感。

❸ **书柜展示层**：展示孩子最喜欢的绘本，如同书店上新一样，使家庭书柜时时有新鲜感，也让孩子更喜欢阅读。

❹ **书柜内插座**：方便后期增加音响、香薰等小电器，营造多样化场景。

❺ **顶部封闭收纳**：拿取不便的区域，干脆用来做家庭日常收纳区。

❻ **书柜、餐边柜一体**：收纳饮水机、咖啡机，咖啡的香气烘托了阅读氛围感。

❼ **豆袋沙发搭配地毯**：提供舒服、多样的坐姿。坐得舒服，阅读时间就会在不知不觉中流逝。

案例 9

斜顶星空房：『鸡肋』空间变身儿童乐园，打造成长秘密基地

这套如今看起来非常理想的亲子住宅，起初相当令人头痛。斜顶二层又暗又矮，居住体验感差，装修时业主原本不抱太大希望。

重新设计后，二层的“鸡肋”空间反倒成为全屋最大的设计亮点。孩子拥有可以仰望星空的秘密基地，爸爸的书房有了令人感觉舒适的净高与视野。虽然一层也有长辈房，但奶奶更喜欢住在二层斜顶房，还成就了更好的亲子沟通方式。

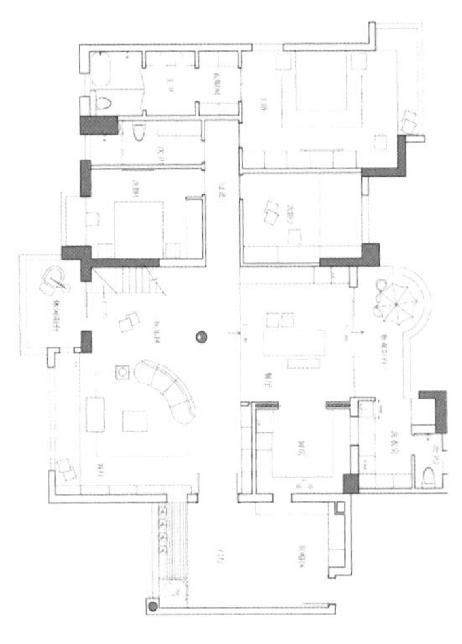

改造后一层户型图

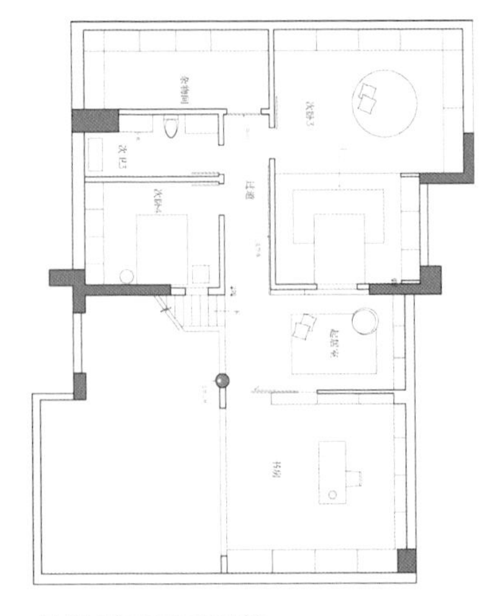

改造后二层户型图

打破空间隔阂，亲子更好地对话

业主最初的需求是在客厅打造书墙，她不希望家人回到家就看电视，想要大家可以多跟彼此沟通。做书墙的本质需求是实现更好的亲子沟通。这个项目的很多设计都是围绕这一点展开的。

取消电视背景墙，做客厅书墙：在客厅定制整排书柜，可轻松移动的沙发、宽敞的地台、无缝拼接的地砖和地板，搭配单人位沙发与坐垫，提供了舒服的座位，家人可以更好地交流。

在二层办公，可以与一层的家人对话：二层书房外扩，活动区获得了充足的净高，低矮区用来做低频收纳，化解高差问题。将二层墙面换成落地玻璃，增加采光，爸爸办公时，抬头就能同享客厅窗外的美景，也能与在楼下的家人对话。

随性、自由之家，尽情玩乐的童年

原餐厅与客厅之间有一道隔墙，打通后，获得了超大的空间感，南北通透，夏天大部分时间都不用开空调。开放的格局也为孩子玩耍提供了充足的自由度。

自由摆放的家具： 沙发不靠墙，背后是孩子的玩乐区，孩子平常喜欢在这里玩玩具、自由跑动。改变沙发的朝向，可以获得更大的活动空间。妈妈在沙发上看书，奶奶在厨房里忙碌，孩子在地毯上玩耍，三代人抬头就能对话。

自然存在的柱子： 拆除客厅与餐厅的隔墙时，设计师发现了耸立在空间中央的承重柱，但没有将其隐藏起来，而是让它自然存在。孩子喜欢在这里追逐玩耍，为童年增添趣味。

斜顶星空房：梦幻的成长秘密基地

二层是孩子们最喜欢的地方，每次朋友来家里，小伙伴们就“咚咚咚”地跑上楼。趣味斜顶、星空窗、专属游戏区、可以“躲猫猫”的储藏室……提供了丰富有趣的玩乐场景。

斜顶窗打破压抑感：与物业沟通后，设计师在二层的天花板上开了四扇窗，将阳光引入室内，很好地打破了斜顶的压抑感。

活动区有充足的净高：儿童房走动、站立、落座等常规活动，皆规划在高度适宜的位置，日常使用不会有逼仄感。低矮区用来收纳不常用的物品，或孩子心爱的玩具。低矮的斜顶反而变得有趣，赋予空间童话般的色彩。

妈妈一边做瑜伽，一边辅导孩子写作业：儿童房拥有充足的空间，孩子学习时，妈妈可以铺上一张瑜伽垫，边运动边辅导作业。地台区分了睡眠区与学习区，有趣的踏步增加了不少乐趣。

“拿来就能用”的设计细节

在这个项目里，室内窗创造了四种不同的关系链接：

❶ **厨房窗：链接沟通。**设计之初，业主并不觉得厨房的一扇窗能有多大意义。入住后他惊喜地发现，孩子放学回家会通过这扇窗跟妈妈打招呼。孩子在阳台养了鱼和乌龟，一有新鲜事，抬头就能跟妈妈分享。没有这扇窗，孩子不一定会跑一圈到厨房，跟妈妈分享生活里的小小喜悦。

❷ **床头窗：链接趣味。**在儿童房床头开一扇扇形窗，既化解了空间的封闭感，又改善了采光，孩子们非常喜欢在窗内窗外“躲猫猫”。

❸ 天窗：链接自然。将自然景色引入室内。天晴时，阳光透过斜顶窗进入室内，改善室内采光；雨天时，听着雨点在玻璃上滴滴答答，别有一番趣味；晚上天气好的时候，还能看到月亮和星星。

❹ 天窗：链接想象。斜屋顶的造型既蕴含了“家”的意象，又带来童话般的梦幻感，放飞童年的想象力。

案例 10

音乐之家：家人有共同的兴趣爱好，像朋友一样相处

建筑面积：141 m^2

改造后格局：3 室 2 厅 1 厨 2 卫

居住人员：夫妻 +1 个孩子

房子里住着爱好音乐的一家人：男主人喜欢弹吉他、唱歌，女主人喜欢弹古筝、吉他，孩子喜欢弹钢琴。共同的兴趣成为亲子良好沟通、了解彼此的媒介。业主希望三口人能够在新家里分享共同的爱好，像朋友一样相处。

除了功能布局上有调整，在亲子共处场景的营造上，设计师竭力将音乐之美融入空间设计之中，让听觉上的美感与视觉空间的美好形成共鸣。

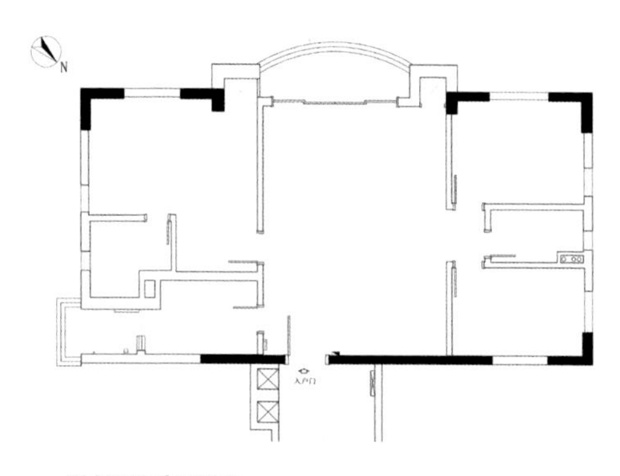

改造前户型图

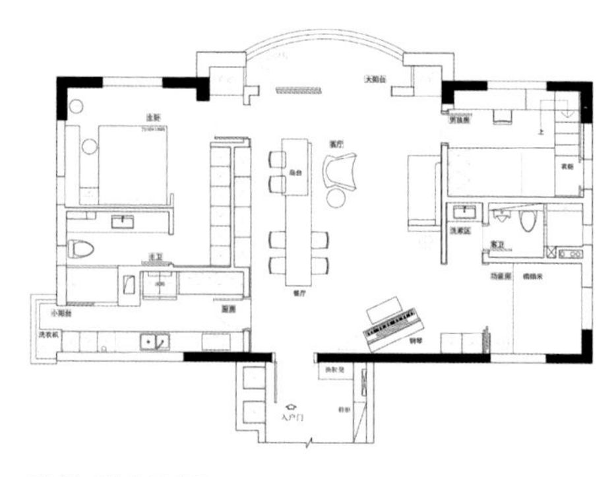

改造后户型图

家庭音乐角，让亲子合奏成为日常

原户型是常规的三居室，格局方正、功能齐全，但对这个家而言不够“量身定制”。为了更好地让空间满足居住者的生活需求，设计师拆除次卧隔墙，将其融入公共空间。

亲子合奏空间：将原本的用餐区与次卧相结合，一架钢琴、一个地台组成家庭演奏区。孩子弹琴时，爸爸妈妈可以坐在地台区弹吉他伴奏，其乐融融。

开放式次卧：在次卧地台上铺设软垫，平常一家人可以在这里看书、聊天，招待客人时可以作为临时睡床。利用钢琴一旁的顶天立地收纳柜完美隐藏推拉门，保障空间的开放性，有需要时也能变为独立房间。

去客厅化设计，将岛台餐桌作为空间核心

去客厅化成为当下亲子住宅设计的趋势之一。业主家没有看电视的需求，设计师放弃了传统布局，将岛台餐桌作为空间核心。

4 m 长岛台餐桌：长餐桌满足用餐、办公、做作业、聊天等场景需求。因岛台的存在，随性地站着或坐着，都是舒服的状态。这里也方便招待朋友，实现良好的沟通。4 m 长的桌面气势十足，在视觉上也有放大空间的作用。

小体量沙发搭配单人位沙发：选用了小体量、矮靠背的双人位沙发，克制的尺寸让空间更显开阔，也方便移动。介于躺和卧之间的格桑扶手椅坐感舒适，可恣意地坐着看电影、品音乐、聊天，营造美好感受。

美感空间的三个营造方法

空间与音乐的审美共鸣：注重节律以及恰到好处的分寸感。下面来分享这个项目的三个美感空间营造方法。

暗藏隐形门的极简墙：主卧、厨房、儿童房的房门完美地隐于餐边柜、沙发背景墙之中，确保了两个立面的极简干净。墙面柜门的线条排布、餐边柜开放层的尺度比例富有韵律感，营造克制之美。

光与线条的交响：西班牙创意灯具 Vibia 的吊线灯，优雅纤细且富有结构感，既呼应了音乐旋律之美，又以恰如其分的比例与位置存在于空间之中。

灯光的韵律：无主灯营造出富有层次感的韵律光线，进一步提升空间的质感。

儿童房：白色“琴键”上的跃动

儿童房面积不足 8 m^2，相对较小。设计师以琴键为灵感，既融合了孩子的喜好，又兼具功能性与美感。

逐级攀升的“琴键”通向高架床：充分地利用垂直空间，满足睡眠、收纳、玩耍等功能需求。“琴键”踏步而上的设计将孩子的兴趣爱好融入空间，兼顾童趣与审美品味。

纯净空间搭配波浪曲线：纯白主色调最大化释放空间感，也呼应了钢琴主题；波浪曲线的楼梯踏步成就韵律美感，也增加了物理与心理上的安全感。

引入韵律光线的百叶帘：相比传统布艺帘，百叶帘更简洁，将美好而富有韵律的自然光引入室内。

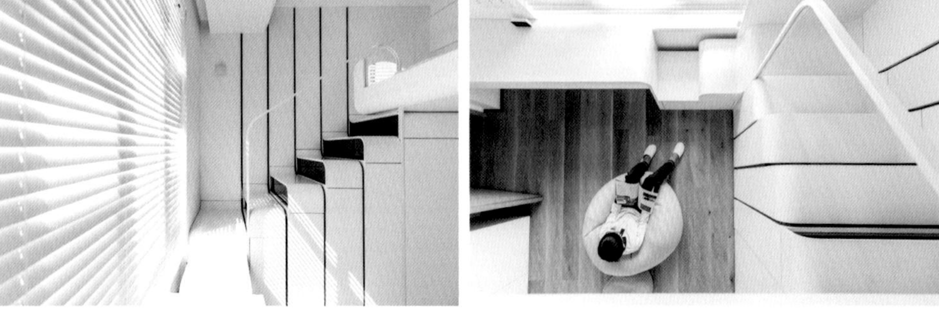

“拿来就能用”的设计细节

灯光是最具性价比的空间装饰，也是提升空间质感的“神器”。这个项目的灯光设计有不少值得借鉴的地方。

❶ **磁吸无主灯设计**：科学、灵活、个性地布光，营造出有层次的灯光场景。

❷ **氛围灯带**：客餐厅天花板边缘的灯带、音乐角地台的灯光，发出柔和、不刺眼的光线，让人感觉舒适放松。

❸ **落日灯**：极简背景墙搭配氛围感十足的落日灯，渲染空间氛围。

❹ **阳台串灯**：星星点点的小灯不为照明而存在，只为给家增添浪漫美好的情愫。

案例 11

超好玩的童话之家：用一扇厨房窗连接亲子关系

建筑面积：109 m^2
改造后格局：2 室 2 厅 1 厨 2 卫
居住人员：夫妻 +2 个女儿

孩子放学回家写完作业后，可以在家的各个角落自由玩耍，并享受妈妈的美味烹饪。爸爸下班回家后，一家人窝在书柜旁阅读、观影。这是每个家庭成员都被空间温柔对待的家。

妈妈拥有了渴望已久的大厨房与整洁有序的收纳空间，爸爸可以在家中尽情享受音乐，女儿梦想中的树屋成为现实……家，承载着所有成员的梦想，理想中的生活成为每一天的日常。

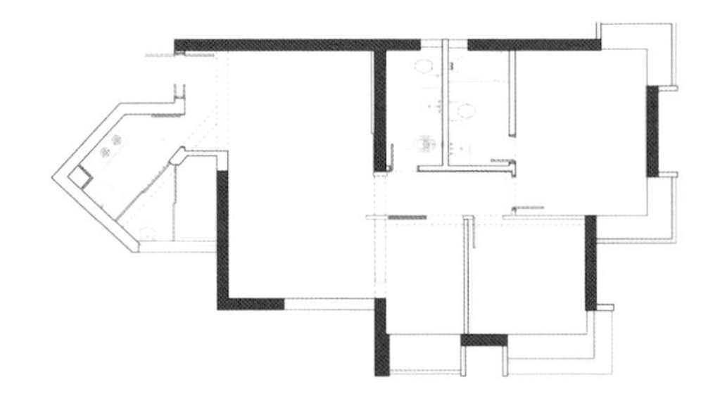

改造前户型图

改造后户型图

客厅书墙——引导孩子养成阅读习惯

业主很认可一个观点：良好的家居空间设计可以引导孩子正向成长。他希望新家有浓厚的阅读氛围，帮助孩子养成良好的阅读习惯，因此客厅采用去电视机化设计。

亲子阅读书墙：业主家的藏书很多，因此将客厅背景墙做成整墙书柜，满足收纳需求。书柜采用开放式设计，将书籍尽收眼底，营造良好的阅读氛围。

轻量感沙发与茶几：轻便、可移动、不占空间的家具，可随时切换不同的场景模式，更适合客厅阅读。小小的双人位沙发，亲子阅读更亲密；坐在角落的单人位沙发上、地毯上、圆形坐墩上也能阅读。围坐式布局更方便亲子沟通，家人也可以在这里安静地欣赏爸爸弹吉他。

提升阅读氛围的四个收纳小心机

过多的生活杂物、玩具等不仅会带来凌乱感，也容易在视觉上造成干扰。通过对开放与封闭形式的收纳考量，更好地引导孩子阅读。

全开放书墙：起居空间目之所及均为书籍，引导孩子主动阅读。

沙发背景墙壁龛：拆除儿童房的一个墙面，换成整墙定制柜，增加收纳容量。设计师特意留出开放式壁龛收纳书籍，业主坐在沙发上可随手拿取。

封闭式收纳：客厅书墙底部的收纳篮、沙发背景墙上的隐形定制柜、顶天立地的餐边柜，将生活杂物统一隐藏起来。

玩具走廊：将走廊一侧（靠近儿童房）打造为玩具收纳区，让孩子养成自主收纳的好习惯。一道谷仓门隔开走廊，减少阅读干扰。

在厨房开一扇室内窗，增加空间趣味，增进亲子沟通

原厨房门朝向客餐厅，空间非常小。将厨房门洞改为朝向玄关，增加了玄关鞋柜，客餐厅变大了，收纳空间也变多了。小小改动让每个空间都得到优化，大大提升了居住体验。

在厨房开一扇室内窗：玻璃窗隔绝油烟、连通空间，完美地融入书墙之中，成为一个独特的“画框”。妈妈做饭的瞬间、孩子玩耍的动态成为一帧帧有爱的日常生活画面。妈妈做饭时可以照看在客餐厅、走廊玩耍的孩子。窗口也是传菜口，孩子可以帮妈妈端菜，富有生活趣味。

厨房、阳台的格局优化：改变厨房与生活阳台之间墙体的位置，两个空间都变大了。厨房多了两个大操作台，多人烹饪时，空间仍绰绰有余，喜欢烘焙的妈妈终于可以大展拳脚。阳台也有了充足的清洁、洗衣、晾晒区。

小姐妹的成长空间：充满童话色彩的梦幻小屋

原户型是三居室，考虑到姐妹俩都喜欢热闹，设计师将其中两间次卧合并为一间。孩子们有各自的床和书桌，实现了玩耍空间的最大化。

梦幻森林小屋：姐姐即将上小学，设计师充分尊重孩子的喜好，打造了森林小木屋。镂空阶梯、独脚柜等，增添梦幻感。借用飘窗做踏步，孩子在这里爬高爬低，不亦乐乎。

温柔的低饱和度色彩：姐姐希望用蓝色和粉色装饰自己的房间，设计师加入了带灰度的低饱和度亚光乳胶漆，结合森林艺术画、小巧的原木家具、云朵灯，进一步渲染童话氛围。

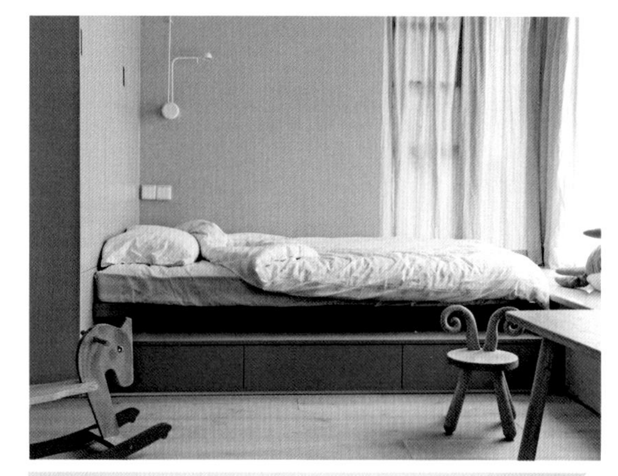

“拿来就能用”的设计细节

为了给孩子创造丰富的玩耍环境，儿童“领地”不局限于儿童房内，而是延伸到其他空间。

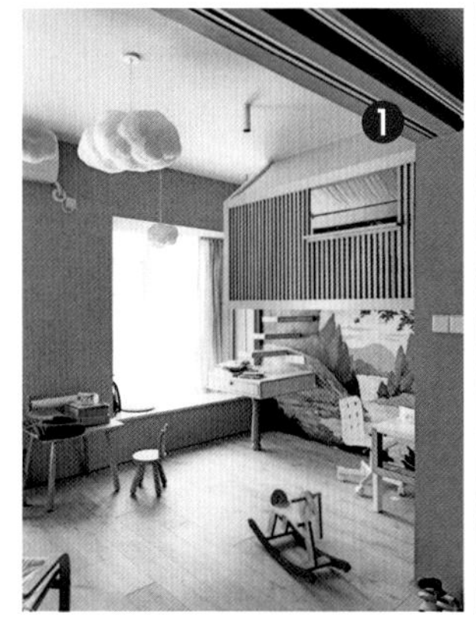

❶ 保留 2.5 m 超宽房门，将儿童房融入公共区：打通两个小房间，保留巨大的门洞，平时儿童房处于半开放状态，方便孩子跑动，家长也能更好地照看孩子。关上隐藏于墙体内的推拉门，又能保障儿童房的独立与私密性。

❷ 将儿童房色彩进行延伸，扩大童年“领地”：将儿童房的蓝色墙漆延伸至走廊，视觉上扩大儿童房面积，并将走廊纳入孩子的玩耍“领地”。

❸ 可随手涂画的黑板墙：儿童房墙漆选用耐擦洗的黑板漆，孩子们可以在这里自由画画，放飞想象力。走廊黑板墙也是家庭的公告栏，家庭会议信息、课程表等都可以写在上面。搬来小桌子、小板凳，妈妈还可以在这里辅导孩子做功课。

案例 12

自由滑轮滑之家：不想错过孩子的成长期与陪伴期

建筑面积：204 m^2

改造后格局：4 室 2 厅 1 厨 2 卫

居住人员：夫妻 +2 个孩子

童年看似漫长，但每个成长阶段都稍纵即逝。业主不想错过儿子的游戏期、女儿的青春期、家人的陪伴时光，于是决定重新装修这座住宅，打造家人更好相处、亲子更好沟通、孩子更喜欢的家。

宽敞的尺度、充满趣味的环形动线，让家变得更有趣，也创造了丰富多样的亲子共处场景。以前每到假期，业主经常会带孩子去体验各种酒店。重新设计后，孩子跟妈妈说："我不想住酒店了，因为我家比酒店有意思太多了！"

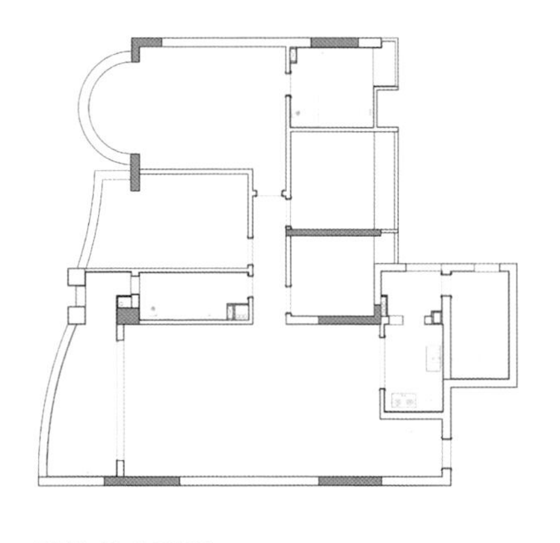

改造前户型图

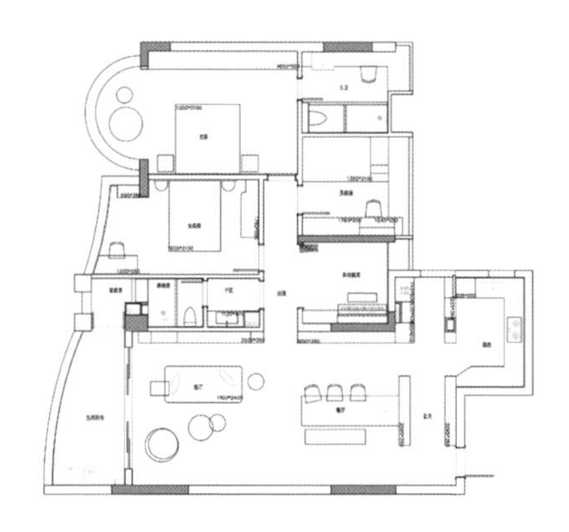

改造后户型图

有趣的双环形动线，打造可以自由滑轮滑的家

私宅的空间是否宽裕，很多时候与玄关设计有关。原户型玄关虽然收纳空间足够多，但却不太好用，不能体现居住的品质。设计师拆除原玄关与厨房墙面，将厨房挪到生活阳台，重新布局入户区，打造双环形动线，既能优化功能，又可以增加空间趣味。

玄关柜、餐桌动线：玄关柜与餐桌组成第一条环形动线，两组顶天立地收纳柜满足巨量鞋子、杂物的收纳需求。从玄关柜往前走是洗衣清洁区，方便日常清洁；往右转进入厨房；往左走是餐厅岛台，洗手消毒后，再进入起居空间。当然，进门后也可以直接从另一侧动线进入客餐厅。

客厅沙发区动线：沙发区以一张大地毯来划分“地界”，沙发不靠墙，留出一条走道，构成另一条环形动线。两条环形动线叠加，公共空间更显开阔，孩子喜欢在这里奔跑、玩耍。全屋地板通铺，采用无缝拼接，不仅扫地机器人可以自由出入每一个空间，孩子在家也能实现“滑轮自由”。

半开放活动室，亲子陪伴共同成长

与客餐厅相邻的是多功能房，拆除部分墙面，变为半开放空间，这里是孩子们的活动室。

姐弟俩共同成长的时光：姐姐在这里弹琴时，弟弟在一旁拼积木，姐弟俩一起画画、唱歌、跳舞，两人在一起就能玩得不亦乐乎。亲子关系不仅存在于父母和孩子之间，还存在于有兄弟姐妹的家庭，孩子间相互陪伴的共处场景同样重要，可增进手足之情，度过有彼此在身旁的童年。

自由开放的亲子共处环境：有时候妈妈会加入孩子们的游戏；有时候妈妈在客厅看书、在餐厅喝茶，也能感受到彼此在身旁的美好。家里经常有朋友聚会，大人们在餐桌上喝茶、聊天，孩子们在游戏室、客厅玩耍，既不会互相干扰，又能在恰当的时候融入对方，这大概就是人与人相处最舒服的状态。

不同成长阶段的儿童房设计各有侧重点

姐弟俩处于不同的成长阶段，房间设计上各有侧重点。

姐姐房：注重学习区与休息区分区。利用阳台打造“盒子空间”，学习的时候，视线范围内看不到床和其他干扰因素，可以更好地将精神集中在学习上。奶油色、脏粉色和白色共同营造出柔和美好的空间氛围。无论空间布局还是配色都向成年人的房间靠拢，但又适当保留了梦幻感，满足现阶段孩子纤细敏感的成长诉求。

弟弟房：注重安全感与兴趣设计。弟弟处于分房期，打造安全感、融入兴趣爱好是设计重点。采用了地台床、矮踏步、地台连接飘窗的设计，合适的高度让孩子更有安全感。装饰上心爱的积木元素、恐龙摆件和奥特曼玩偶，营造满满的熟悉感，让弟弟更喜欢自己的小天地。

“拿来就能用”的设计细节

由环形动线、客厅书墙、天花板投影仪构成的客厅，融入了许多细节上的设计巧思，让家人共处的生活场景变得更加多样化。

❶ **客厅整墙收纳柜**：封闭收纳柜中有充足的收纳空间，开放层收纳书籍和藏品，可移动格栅推拉门可根据使用场景选择性遮挡，营造恰到好处的氛围。

❷ **不靠墙的可移动靠背沙发**：沙发调转靠背就能变成舒服的阅读沙发，搭配落地灯，阅读更专注。亲子聊天时，随时移动靠背，创造自定义的聊天场景。

❸ **轻量茶几**：轻便、可移动，随时挪动茶几让出宽大的活动空间。

❹ **小马椅**：灵活自由，赋予趣味性坐姿，增加亲子聊天时的愉悦感。

❺ **大地毯**：妈妈和孩子可以在这里玩积木，也可以靠着矮沙发座面阅读绘本。观影时，沙发、地毯、小马椅均能自由入座。

案例 13

「杯子控」的家：充分享受爱好，并与孩子分享你的热爱

建筑面积：126 m²
改造后格局：3 室 2 厅 1 厨 2 卫
居住人员：夫妻 +1 个孩子

培养兴趣爱好正在成为当代人重要的生活方式之一。本项目的业主平常喜欢搜集各种杯杯碟碟，其中不少藏品是有 50 多年历史的好物。

空间设计与居住者的兴趣爱好相结合，可以加深人与空间的情感联系，让人产生更强烈的归属感，同时激发对生活的美好向往。通过家居场景，家长可以与孩子分享自己的喜好、对生活的热爱，以及自己美好的状态，其重要性不亚于课堂教育，是扎根于生活的正向成长引导。

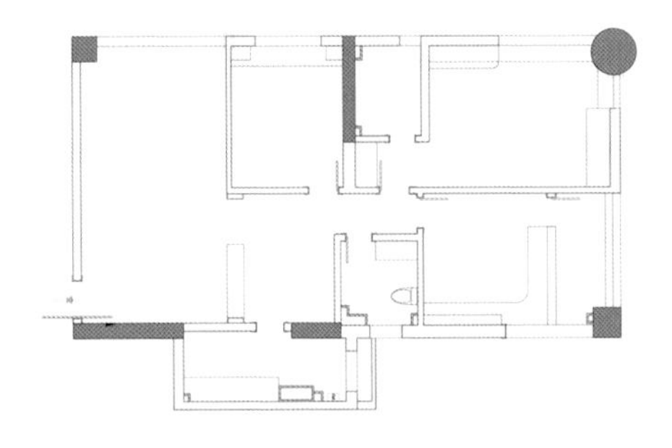

改造前户型图

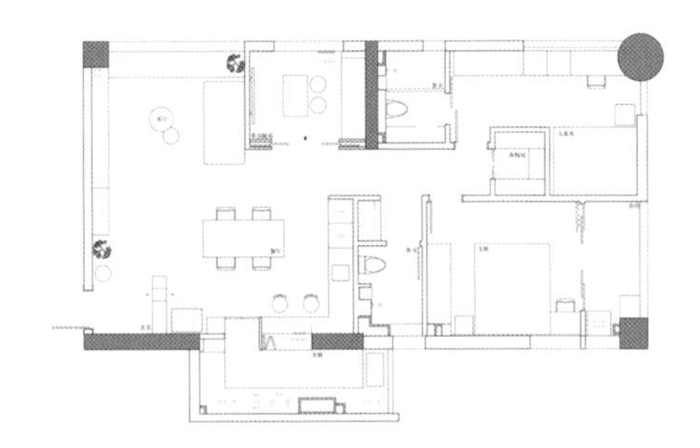

改造后户型图

到处是杯杯碟碟的家，与家人分享自己的喜好

好的室内设计要能读懂居住者的生活需求与精神需求，成为连接房子与生活的桥梁。爱好之物的收纳与展示是本项目设计的出发点。

在功能之外，物品可以承载更多意义。可能有人会吐槽："杯子那么多，哪里用得了？" 对业主来说，杯子不只是家居用品。美好的物品能让人感受到生活的美好，买杯子时产生的心流是一种解压方式；根据心情选杯子，使用起来更加愉悦。

也许有人会说："清洁的时候，你就知道辛苦了。"对业主来说，这样的空间氛围才有家的感觉。擦洗"战利品"的过程本身就是一件很治愈的事情。空间是有限的，但生活不拘一格，可以自由定义。

分享爱好，提高孩子的生活能力。住进家中，孩子也喜欢上了杯杯碟碟，她会自豪地跟老师分享，邀请老师来参观。孩子学会了用摩卡壶，尽管还不能喝咖啡，但她很享受冲咖啡的过程。采用开放式餐厨布局，女儿很喜欢跟妈妈一起下厨烹饪。

耳濡目染之下，孩子很喜欢做手工，在学校的相关课程上表现得也比较出色。家庭生活方式会对孩子的认知、个性、能力产生潜移默化的影响。

“杯子控”之家的收纳之道

❶ 餐边柜开放收纳层上展示着杯子以及其他藏品，搭配灯带，营造美好氛围。

❷台面实木收纳架上是使用频率最高的杯子，方便拿取。

❸ ❻ 餐边柜抽屉、厨房抽屉里收纳不常用或当前不想展示的杯子。

❹ 冰箱旁立柜中收纳常用杯子，长虹玻璃门提升通透感。

❺ 厨房复古餐盘架上展示精品收藏物，强化整体设计风格，为厨房增添生活气息。

❼ 吧台抽屉里收纳咖啡用具，方便操作。

以餐桌为核心，打造开放共处的家

原户型卧室大、公共区域小，没有充足的亲子共处空间。拆除厨房墙面，走廊移位后，整个家变得通透、开阔起来。

餐桌是家的核心区： 2 m 长的大餐桌满足用餐、阅读、学习、做手工等共处场景需求，这里是家人最常待的地方。

大吧台连通餐厨空间： 吧台既补充了厨房操作台面，又为餐厅增加了操作区。这里是妈妈最喜欢的区域，她平常在这里冲咖啡、备餐。

阅读沟通式客厅：客厅是家的休闲区，超大书柜搭配舒服的沙发、长飘窗台，亲子可以在这里看书、听音乐。阳台天花板上暗藏投影幕布，可随时切换成家庭影院。妈妈有时候边泡咖啡边看电影，十分惬意。

半开放次卧：打开日式推拉门，将次卧融入公共空间，将家的空间感最大化。次卧门关闭，可作为临时客房。

儿童房是独立套间，用到孩子成年都没问题

保留儿童房原本的大空间，能放下大床、大书桌，以及两个衣柜与独立卫生间，功能齐全，用到孩子成年都没问题。

柔和的低饱和度色系：低饱和度的浅橡皮粉色半墙、姜黄色的豆袋沙发、浅灰蓝色的床品，搭配半圆灯罩的落地灯，温馨而不失活泼，富有童趣而不失质感，越看越耐看。

风琴帘让光线变得柔和：儿童房的优势在于两面大窗户，采光充足。风琴帘既保障了隐私与采光，也让光线变得柔和起来，提升居住的品质。

“拿来就能用”的设计细节

原木风自然、不做作，且是一种颇有设计难度的家居风格。设计得不好，容易显得臃肿、老旧、质感差。要想让原木风看起来自然，可以抓住以下四点：

❶ **原木色不要填满，适当留白**：白色和原木色的比例为 3 ： 7 或 4 ： 6，点缀些绿植、鲜花，让空间更有呼吸感。

❷ **地板、定制柜、成品家具等不同产品的木纹色要协调，**这是打造空间整体感与品质感的关键。

❸ **柜子不要做满**：例如将客厅书柜不常用的顶部适当留白，换来简约宽敞的家居氛围，比例也更协调。

❹ **把握家具的尺度**：客厅双人位沙发搭配边柜，小巧的家具让空间更显开阔。餐厅选择大餐桌，除了实用之外，也能强化其作为空间中心的存在感。

第 2 章

中国亲子居住关系的变化趋势

1 **趋势** 中国亲子居住视角的转变：从童趣本位到成长本位

2 **空间** 打破空间界限，整个家都是游乐场

3 **风格** 与其用颜色定义个性，不如用设计放飞想象力

4 **成长** 正向引导的设计，关注孩子的内在个性发展

5 **沟通** 创造亲子对话的契机，孩子和父母像朋友一样相处

6 **场景** 家的场景营造手法，打造恋恋不舍的归属感

1 趋势

中国亲子居住视角的转变：从童趣本位到成长本位

近5年来，私宅设计出现一个明显的趋势：家长对儿童房设计的认知，从只关注“幼稚的、可爱的”这种表面而简单的需求，逐渐转向关注“孩子成长”的深层而综合的需求。**这种转变趋势可以概括为四个具体变化和三个本质需求的涌现。**见证了中国经济的高速发展，亲子居住方式的蝶变折射出我国家庭育儿观的转变。

经典的儿童房性别颜色和童趣元素

（1）风格变化：性别色彩、卡通元素减少

以前的私宅设计，在沟通儿童房设计阶段，家长更多地关注色彩和童趣的元素。比如，男孩房用蓝色、汽车、机器人、积木之类的主题；女孩房用粉色、公主、卡通猫等主题。近年来，这样的需求明显减少。

如今，家长不再简单地用红色、蓝色去定义儿童空间，更有不少家长有意识地选用中性色，如温润的木色、无定义的白色、富有活力的黄色、自然的绿色等，模糊甚至规避儿童房的性别色彩，儿童房的风格和色彩设计更加多元化。

过去很受欢迎的迪士尼动画、汽车造型、公主元素等主题的空间设计和家具造型，在当下的儿童房设计中越来越少见。**儿童房设计趋向于做减法，取而代之的是拱形、圆角等简约的设计元素，以及模糊年龄的新潮设计和艺术元素。**

儿童房设计趋向于做减法，越来越多家庭偏好中性色

（2）思路变化：从家具本位到功能本位

除了童趣元素，以前家长对儿童房设计更多考虑的是满足居住功能需求，空间设计基本围绕着床、书桌、衣柜这“三大件”来展开。如今，家长对儿童房设计的认知逐渐从家具维度转向功能维度，这是关注视角的本位转变。对儿童房寄予更多的期待，对其实用性要求越来越高。

根据孩子不同年龄段的成长需求，综合考虑**睡眠、学习、收纳、玩乐四大需求**，这一理念逐渐被接受。比如对于幼儿或低学龄儿童的房间，强调要有充足的活动空间。以前在装修阶段，“三大件”就一步到位，不精细考虑孩子的成长需求。如今的解决方案多是先空出最大的活动区，刷上黑板漆，让孩子自由涂画，激发孩子的想象力。孩子当下的玩乐需求被摆在了第一位，后期再根据不同的年龄阶段、学习需求，购置相应的软装产品。

适合学龄前孩子的玩乐型儿童房

适合低学龄的复合型儿童房

（3）设计变化：遇事不决先找设计师

以前的儿童房设计，更多的是基于现有的空间格局做软装布置，现在更多家庭会先找专业的室内设计师，结合全屋的格局来规划儿童房，挖掘空间的更多潜能，再进行装修。

儿童房的面积大多偏小，以前家长通常认为空间小的话，只能牺牲一部分功能或居住的舒适度。现在会认为空间再小，也要尽可能满足孩子的居住需求，找设计师来设计。这一转变推动了儿童房形态走向多样化。

比如普通的三居室，要住下三代人且有两娃的家庭，以前家长会让两个孩子挤一间房，现在会找设计师“变”出一间房，让两个孩子都有独立的空间。再如一居室学区房，以前可能是夫妻俩和孩子将就着住一间房，现在会找设计师将一室变为两室，改善居住品质，兼顾孩子学习和成长的需求。**设计对空间结构的优化、对满足高品质居住功能需求的作用，越来越受重视。**

多功能儿童房

兼顾学习和成长需求的儿童房

设计和需求的转变推动了儿童房形态走向多样化

（4）空间变化：儿童“领地”不限于儿童房

更进一步讲，对儿童成长空间的认知逐渐从儿童房延伸到整个房子，客厅、餐厅、厨房等都会考虑孩子的使用场景。或者在公共空间融入儿童玩乐设施，比如秋千、滑梯、黑板墙；或者在空间规划时，增加门洞、窗洞等，让空间更有趣、更有互动性；或者单独规划出一块区域，作为儿童活动区或活动室等。

在满足一家人居住需求的基础上，利用各个空间增加玩乐区，让孩子更好地释放精力，在家也能玩得开心，拥有一个快乐的童年。尤其是近几年来，孩子待在家里的时间变长了，在一定程度上加快了亲子住宅设计观念的转变。

在室内增设窗洞，有趣又能增强互动性

各个空间都向孩子开放的家

（5）成长需求：儿童房跟随孩子一起成长

孩子是不断成长变化的，对于常规的儿童房童趣设计，可能新鲜劲儿过了或者进入不同的成长阶段，孩子就不喜欢了。**风格上趋向中性化，减少稚嫩元素，以及“轻装修、重装饰”的思路都是这一现象下的产物。**

很多家长希望儿童房不是为某个年龄段定制的，而是能随着孩子身高、喜好、认知的变化不断调整。在空间布局、功能设计、家具选择上，偏向灵活的设计。比如升降书桌椅、可调节长度的儿童床、可调节高度的挂衣杆等。

可随着孩子成长而变化的儿童房家具

考虑到孩子不同阶段的心理、成长、发展需求，设计时的侧重点要有所不同。比如对于学龄前儿童，重点考虑玩耍需求；对于低学龄期儿童，综合考虑玩耍、安全、独立、绘画、阅读等需求；对于再大一点的孩子，主要考虑学习、专注力、爱好等需求。

儿童房要跟随孩子一同成长

（6）正向引导需求：居住环境影响孩子成长

越来越多的家长会考虑空间设计与孩子成长的关系，并提出更深层次的需求，比如“让孩子自己收拾衣服”“让孩子从小学会自己收拾玩具”“让孩子更专注地学习”等。他们认同家居环境对孩子成长的影响，希望家居设计对孩子的良好习惯、能力培养有促进作用。

好的设计让良好的行为成为日常的惯性动作，导向积极向上的生活方式。很多家长会积极地与设计师沟通，**主动创造对孩子有正向引导价值的设计。**

对于低年龄段的孩子，要有自主收纳区，让孩子学会自己的事情自己做；对于初高中阶段的孩子，不仅要有书桌，还要考虑学习区与睡眠区的分区以及氛围营造，帮助孩子专注学习……借助室内设计的引导、住宅环境的营造，帮助孩子养成良好的习惯与正确的价值观。

学习时看不到玩具和床，更容易培养专注力

（7）沟通需求：高质量的亲子共处场景

亲子如何更好地相处，以及如何创造高质量亲子家居场景，是越来越被重视的议题。同样的空间，好的设计可以创造更好的沟通契机，拉近亲子之间的距离，让孩子拥有一个装满爱与阳光的美好童年。

现在，很多家庭喜欢做长书桌，家长和孩子可以一起阅读、做手工、玩桌游，孩子写作业的时候，父母在旁边办公，让陪伴成为一种日常。在儿童房内，既要考虑孩子的学习区，又要兼顾家长给孩子指导作业的场景。大至空间格局的变动，小至桌子的选择、椅子的摆放，这些看似不起眼的设计，在日常生活中都发挥着巨大的作用，切实地影响了亲子在住宅空间内的相处质量。

书桌旁的卡座，方便家长为孩子辅导作业

长餐桌正在成为家庭活动中心，是亲子阅读、做手工、玩桌游的场所

亲子住宅设计的演变背后，折射出家长对儿童教育认知理念及亲子关系的变化。家长对孩子的培养不再只关注基础的居住需求或者学习需求，更关注孩子不同阶段的成长诉求，以及综合素质与正向价值观的养成。可以看到家长越来越重视培养孩子的五大综合能力。

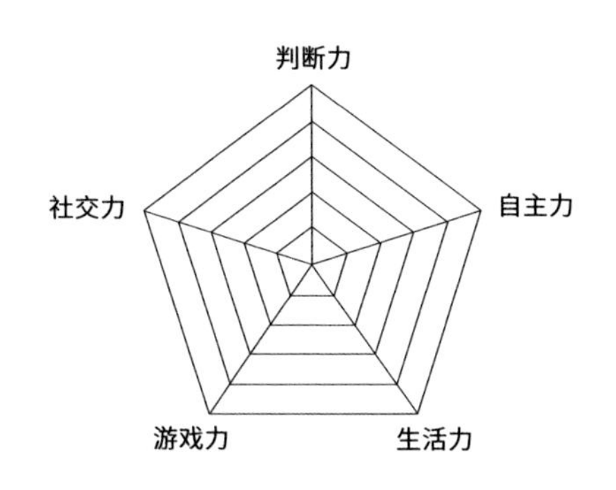

五大综合能力

什么是五大综合能力?

①社交力：空间设计营造高质量的亲子共处场景，家长以身作则、言传身教，让孩子从小拥有良好的沟通能力、共情能力、表达能力，学会很好地与他人共处。

②游戏力：重视游戏对孩子成长的正向价值，让孩子在玩耍过程中释放天性，培养其想象力、专注力等。

③生活力：让孩子参与家庭事务，与父母平等相处，比如帮妈妈做家务，自己做收纳，与家人一起烹饪等，掌握独立的生活技能。

④自主力：通过空间设计与父母的正向价值引导，帮助孩子养成主动阅读、自主学习等好习惯，以及积极向上的内驱力。

⑤判断力：通过日常生活中潜移默化的影响，提升孩子的感受力、审美能力等，帮助孩子形成正向价值判断，让孩子知道什么是美的、什么是好的。

对以上五大综合能力的重视，也显示出一种趋势：**越来越多的家长把孩子当作独立、平等的个体对待，而不仅仅是一个孩子。**亲子相处模式和亲子关系逐渐从家长式的上下级关系，向朋友式的平级关系过渡。父母以更加平等的视角，关注孩子成长过程中的情感诉求和心理需求，对孩子的成长起到多元、正向的引导。

随着互联网信息越来越开放，好的设计和居住理念被快速普及，加快了这种演变的进程。这也对室内设计师提出了更高的要求。室内设计师不仅要关注空间设计手法，更要关注居住者的本质需求、孩子的成长需求。未来的室内设计一定是一门综合学科。

接下来，**将从空间、风格、成长、沟通、场景五个维度**，分享几个当下亲子住宅设计引导孩子正向成长的设计思路及手法。

2 空间

打破空间界限，整个家都是游乐场

儿童房的空间概念正在被重塑。以前家长对儿童房的认知更多局限在一房之内，当下的认知打破了空间界限，**将儿童房延伸到整个空间，整个家都可以成为孩子的游乐场。**在这一理念支撑下，一些增加空间趣味性的设计手法颇受欢迎。

（1）洄游动线：孩子可以自由跑动的家

洄游动线是一种当下比较受欢迎的设计手法，环形动线可以让空间显得更大。洄游动线将整个家变成可以跑动的乐园。借助灵活的空间布局，孩子可以自由穿梭于各个空间。

比如下面这个住宅，围绕着玄关、客厅、阳台、茶室、多功能房、餐厨区，形成一条贯穿整个起居空间的大洄游动线。玄关一客厅、岛台一餐桌、厨房一阳台、主卧一主卫一衣帽间，这四个区域又形成各自的小洄游动线。全屋采用无门槛设计，孩子可以自由奔跑，在家骑自行车、滑轮滑，整个家变得好玩起来。

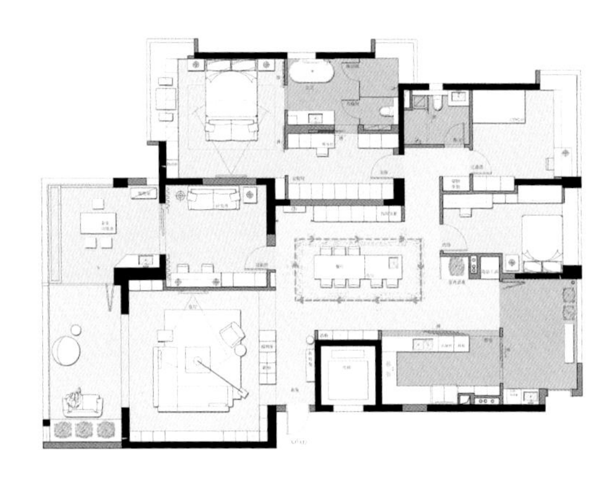

平面图

玄关一客厅是一条洄游动线

多条洄游动线并存，孩子可以自由跑动

（2）亲子阅读客厅：阅读是一种生活方式

客厅的定位也在发生变化。以前的客厅更多是围绕着待客区或电视机展开，如今人们对客厅的功能要求越来越向内。很多家庭将客厅的设计重心放在阅读与沟通功能上。**阅读功能不再局限于书房或儿童房内，而是以客厅为核心。**随之而来的是去电视机化，用整面书墙代替传统电视柜，营造有书香气息的起居空间，帮助孩子养成阅读习惯，让阅读成为一种生活方式。

比起更容易收纳清洁的封闭式收纳柜，越来越多人选择开放式收纳柜。一方面，各种电器设备缓解了清洁压力。另一方面，人们意识到“看到”这件事对行为产生的影响：看不到书时，你很少主动打开柜子拿起书阅读；当处在被书籍围绕的环境里时，你会不自觉地拿起书来看。

带展示层板的书柜，阅读氛围更浓厚

以亲子阅读沟通为导向的客厅设计，整面书墙搭配灵活的座椅

小贴士

让开放式书柜变得更好用的设计

①增设一门到顶的推拉门或黑板墙，优化比例，遮挡杂物，也能提供书写画板。

②在书柜顶部天花板上预装投影幕布，方便家人一起观影。

③增加展示层板，打造书籍展览区。

④在书柜内适当增加插座，通常距地 30 cm 或 110 cm 高。

⑤格子的深度、高度为 30 ~ 35 cm 的书柜，可收纳常规书籍。非常规书籍较多的家庭，根据实际情况灵活调整。

与阅读主题客厅相匹配，家具布置不再遵守传统的“三件套”模式——沙发、茶几、电视机。电视机被取消后，茶几越来越轻量化，甚至也被取消了。

坐的形式越来越多样化。围坐式布局可以提供舒适的、面对面交流的坐姿，无形之中让家人产生更多对话，也方便亲子阅读，同时为孩子提供了更广阔的玩乐场地。

围坐式客厅布局

（3）家庭活动室 / 开放活动区：玩耍很重要

越来越多的家长认可并重视游戏对孩子成长的正向引导作用，希望在家居空间中尽可能为孩子创造活动区。空间充足的情况下，有些家庭会将一间房作为孩子的活动室。活动室内包含阅读区、地面游戏区、玩具收纳区、黑板墙等，综合多种玩乐与学习功能，孩子在活动室就能畅玩一下午。

杂乱的玩具都被收纳进活动室，不会出现在客厅和儿童房，玩耍与生活起居明确分区。将活动室做成全开放或半开放式，玩耍的孩子可以更好地与在客餐厅的家人对话。

兼具弹琴、玩耍、做作业功能的活动室

将复式户型二层公共区打造为活动区

开放式活动区，家人可以更好地看到彼此

平常可作为活动室的客厅

没有活动室怎么办？可以将客房与活动室结合，充分挖掘空间的利用率。采用下翻床（地台）+床铺的形式，这样平常孩子便有了充足的玩耍场地，临时用来招待亲朋好友，也是独立私密的空间。

借助下翻床，提高空间利用率

活动区不一定是一个完整的房间，还可以将功能植入起居空间。比如将封闭式阳台打造成亲子画室。妈妈与孩子一起画画、种花，在艺术氛围浓厚的环境里喝下午茶，度过难忘的相处时光。

艺术气息浓厚的画室

将封闭式阳台打造成亲子画室

在客餐厅面积充足的情况下，可以打造一个专属区域，作为孩子的游戏区、阅读区、演奏区，在宽敞的空间中孩子会玩得更开心。父母在客厅、厨房等区域做其他事情的时候，也能照看孩子。

将儿童活动区植入起居空间，增加亲子互动沟通

无论儿童房是大还是小，规划功能分区时都要将活动区作为重点考虑对象。比如，家具靠墙或者用高架床的形式，让出最大的活动空间；有阳台的住宅，可将阳台纳入室内，打造阳光充足的游戏区。这些都是比较受欢迎的儿童空间设计手法。

家具靠墙或做高架床，让出最大的活动区

老人与孩子同住的房间，借用地台空间，打造可以晒太阳的游戏区

（4）餐厨空间 / 走廊的涂鸦墙：不浪费每一寸空间

喜欢乱涂乱画是孩子的天性，与其否定孩子，不如做一面黑板墙，充分发挥他的天性。利用餐厨空间的墙面做黑板墙，大人做饭的时候，孩子在旁边玩耍，用眼角的余光能看到彼此。利用走廊做黑板墙、积木墙等，提高闲置空间的利用率，创造无处不在的玩乐区。

黑板墙、磁吸墙贴等增加玩乐趣味

3 风格

与其用颜色定义个性，不如用设计放飞想象力

很多家长希望不用色彩来限定儿童房。儿童房的性别色彩被弱化，女孩房选粉红色、男孩房选蓝色，这样的选择逐渐减少。当然，在选择儿童房设计风格时，色彩仍然是重要的考虑因素，但趋向发生了一些转变。

（1）中性色 / 低饱和色：儿童房不再低幼

中性化的颜色，如白色、原木色、灰蓝色、暖灰色、奶咖色等越来越受欢迎。没有鲜明的性格界限，男孩房、女孩房都可以使用。比如将白色作为空间的主色调，可提供更高的自由度，通过搭配床品、抱枕、装饰画等，为空间增添色彩和童趣。随着孩子的成长，更换不同的软装用品，适应不同年龄的成长需求。

以白色为主色调的儿童房，通过软装元素来增加童趣

原木风也颇受欢迎。原木色搭配白色，或者搭配森林绿、活力黄，借由自然舒服的颜色舒缓视觉感受。没有强烈的色彩偏好，也没有强烈的视觉刺激和心理暗示，不容易被孩子“喜新厌旧”。

原木风儿童房，自然清新又不乏趣味

浅灰绿色儿童房，使用了没有性别指向的颜色

低饱和度的色彩越来越流行，比如莫兰迪色系、偏暖调的浅棕色系等。这类色彩在视觉上让人更感舒适，有利于营造安静的氛围。低饱和度的色彩兼容性较强，即使一个空间内使用多种色彩，也不会有杂乱的感觉，反而能提升活力和设计感，尤其适用于儿童房。

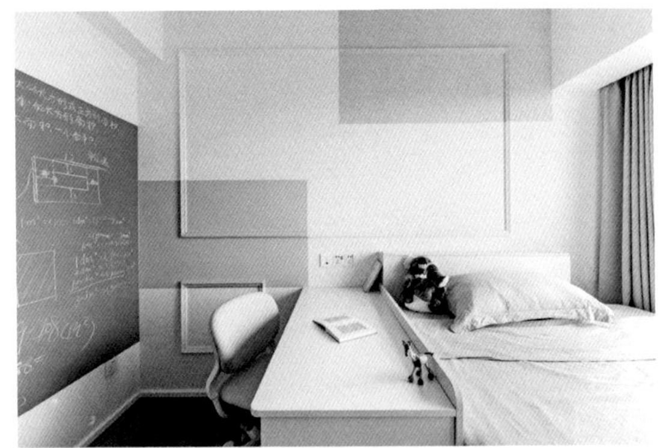

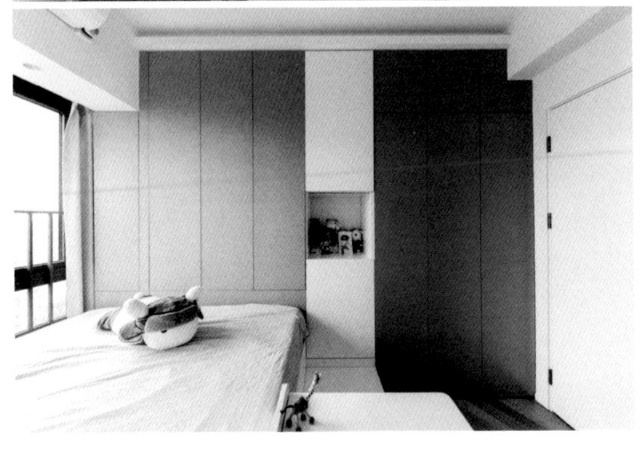

低饱和度的互补色，在儿童房内柔和共存

很多家庭也喜欢刷半墙，做局部造型，既点亮空间，也不会让色彩占据太大的视觉比例，空间更有呼吸感和活力。前些年比较流行屋顶造型、云朵造型、灯光造型的局部刷法，近几年更多人喜欢横平竖直的块面，少了些稚气，多了几分老少咸宜的结构美感。

横平竖直的块面充满结构美感

（2）几何 / 艺术元素：跨越时间的经典审美

几何、艺术元素逐渐代替传统具象的卡通元素，被更多地运用在儿童房中。比如天花板边缘、墙角或高架床的圆弧造型，可以增添童趣，让空间更显温润，也更有安全感。圆弧造型还有隐藏梁柱、减少磕碰的作用。

装饰性元素从硬装转向软装，比如增添趣味桌椅、软绵绵的云朵灯、温馨的月亮灯等，为童年增添十足的乐趣，也让后期改造更方便，让空间跟随孩子的成长而变化。

圆弧造型让空间更显温润，更有安全感

云朵床、泡泡灯、纽扣床头柜 —— 放飞想象力的儿童房

将艺术元素植入儿童空间

融入极具艺术感的造型元素，打造气质型儿童房

家长越来越注重孩子从小的审美教育，希望将艺术元素植入儿童空间，用气质与高级感熏陶孩子的日常生活。一些经典家具、几何 / 艺术造型元素、艺术名家壁纸、潮牌装置艺术品被频频用在儿童房中。经过时间考验的设计不容易过时，家人也能获得同样的审美愉悦。

4 成长

正向引导的设计，关注孩子的内在个性发展

父母都希望把孩子培养成对内独立自信、内心丰盈快乐，对外懂得社会交往、受人欢迎、能力卓越的人。学校教育更多关注的是能力的培养，孩子内在个性的发展更多时候要靠家庭环境和父母的养育来达成。家居环境影响我们每一天的生活，这种影响是正面的还是负面的与设计有关。当意识到家居环境的重要性时，很多家长开始关注设计之用。用设计正向引导孩子的个性发展。

正向引导设计的核心是**不将孩子作为儿童看待，而将其作为与父母平等的独立个体，尊重其不同阶段的成长需求，帮助其养成良好的习惯和形成积极向上的价值观。**

（1）低矮的床或地台床：更有安全感的设计

有安全感的孩子长大后往往能更好地面对挑战，抗压能力也更强。孩子安全感的建立与父母的陪伴和关注有关，也与空间的物理安全有关。低矮的床可以降低孩子睡觉时跌落的风险，容易跨越，对孩子来说更有安全感。

加宽地台搭配床垫也比较适合孩子。地台上留有一级宽阔的踏步，上下区域产生过渡，孩子可以直接踏上床垫。

无腿床让低龄儿童更有把控感和安全感

小贴士

低龄儿童床的高度设计

成人床（包括床垫）高度在 40 ~ 50 cm 之间。低龄儿童的房间，建议使用无腿床加床垫，高度在 20 ~ 35 cm 之间，或者把床垫直接放在地上，高度为 10 ~ 15 cm，让孩子更有把控感。

（2）表演区：培养孩子的自信力

许多父母会给孩子报兴趣班，让孩子从小学习乐器或舞蹈。设计家居空间时，给孩子留有表演区，营造怡人的环境，可以帮助孩子更好地沉浸于兴趣爱好之中，也有一种上台表演的仪式感。通过环境潜移默化的影响，帮助孩子养成自信、不怯场的良好心态。

地台很适合被打造成家居表演区。比如在客厅的阳台处增设矮地台，孩子在这里练习、演奏乐器时，家人可以在沙发专属座位上欣赏。

将客厅地台打造为孩子的表演区

把卧室靠近飘窗的地方打造成私密的练习区。光线充足的角落更适合孩子看乐谱。飘窗台为孩子提供了座椅，方便休息，家长也可以坐在这里欣赏孩子的演奏。

卧室飘窗边是安静、阳光充足的练习场所

家有爱好舞蹈的孩子，可以在阳台、玄关、卧室等合适的区域打造大面落地镜，既有放大空间的功效，也能更好地对镜练舞、练习体态。

一面大落地镜，方便练舞、练习体态

（3）亲近自然与动物：唤起爱心与责任感

越来越多的家长开始注重孩子与自然的连接，尤其是对住在城市的孩子来说，自然教育能够帮孩子认识到广阔的世界，也能从小培养其感受力。

有露台或宽敞阳台的家庭，种植绿植、果蔬（可以利用垂直花架种植物），孩子可以直观地认识植物，感知从种子萌芽到果实成熟的生命旅程。漫长而不断变化的生长过程，让孩子切身地感受到时间的变化、自然的奇妙以及收获的喜悦，比上一节手工课或绘画课更能带给孩子丰富的感受。

在开放露台上种植果蔬、绿植，让孩子从小接触自然

对于大多数都市户型来说，露台是稀缺品。但户外空间的局限阻挡不了人们对自然的向往。缺乏日照的室内，种植蕨类、鸭掌木、虎尾兰、春羽、竹芋等耐阴植物，也能满足居住者对自然的憧憬。随着物流越来越便捷，鲜花逐渐成为普通人家餐桌、茶几上的陈设，自然与美好常驻家中，让孩子感受时序的变化。

父母在经营私宅空间与日常生活的时候，可能不会功利地计算这究竟能对儿童教育生出几分好处，却会把美好的生活图景，以及自己热爱生活、向往美好的一面展示在孩子面前。这种润物细无声的熏染或许是一种更有力的影响。

在室内种植喜阴的蕨类植物、鸭掌木等，营造自然氛围

植物将自然、艺术带入住宅空间

亲近小动物与亲近大自然一样，能让孩子从小富有爱心。同时养育孩子与宠物对多数家长来说充满挑战，这时候好的设计就很关键。比如，将宠物窝与空间有机结合，让宠物更好地融入家中；合理布局空间与动线，设置专门的家政间或者扩大卫生间，方便给宠物清洁；规划新风系统、使用扫地机器人，有效减少宠物气味、缓解掉毛问题……

好的设计不仅让孩子住得舒适，也能解放家长的双手，实现与宠物的高品质共处。孩子也更愿意主动承担照顾宠物的责任，无形之中唤起孩子的责任感。

与定制柜结合的宠物柜

（4）学习与休息功能分区：专注力与边界感的养成

家里有学龄儿童的话，做好功能细分，特别是学习区和休息区的切分，可以提升孩子的专注力。比如在孩子的学习区，将书桌面朝墙或面朝窗户，看不到干扰物，孩子便可以更专注。又如用“盒子”设计把学习区包围起来，形成明确的空间边界，也有一定的心理暗示作用。

这些设计细节会让孩子对事物之间的边界感有感知，无形之中将精力集中在学习上，也会形成“在什么时间该做什么事情”的暗示，帮助孩子养成规律的作息习惯。

将睡眠区与学习区分开，帮助孩子更好地集中精神

一些家长甚至会要求为孩子规划精细的阅读、画画、练琴区，而不是将所有的功能区杂糅在一起，或者与玩具混在一起。通过明确的分区设计，孩子可以专注地做好每一件事。设计师也经常会在私宅空间内使用一些提升注意力的手法。比如在阅读区增加一盏落地灯。别小瞧这个小设计，灯光提供了充足的照明，划分出明确的阅读区，能让孩子的目光更好地聚焦在书上。

(5) 高品质的设计单品：耳濡目染的美育

近几年来，经典设计款家具越来越受欢迎，富有创意的原创家具也逐渐兴起。在做软装搭配时，人们不仅关注家具的使用功能，还会关注“颜值”、设计感、趣味性等。尤其是一些设计款小茶几、造型小单椅等，轻松为住宅空间增添个性色彩。

很多人已经意识到家具除了可坐可卧，更是我们生活的陪伴者。好的设计除了“颜值”更高、提供符合人体工学的使用体验，对于亲子家庭来说，它们还能激发孩子的好奇心，影响孩子的审美以及对品质的感知力。

富有设计感的家具也能提供一种潜移默化的美育

与有趣的家居软装单品相伴，让孩子成为有趣的人

(6) 无实用价值但有趣的单品：幽默感的来源

越来越多的家庭重视软装布置，除了表现在对高“颜值”设计款家具的偏好，也表现在对趣味性装饰单品的推崇，比如挂画、摆件等。**无实用价值但有趣的单品往往是创意与幽默感的来源。**

有趣的外表让普通的物品从空间中跳脱出来，居住者能更好地感受生活品质，获得创意、灵感，对孩子来说也是一种启发。带脚的纸巾盒、“二创”的名画、有趣的衣帽架、狗狗造型的眼镜架……打破常规思维，孩子慢慢地学会发现生活中的小乐趣，激发其想象力。懂得发现和创造趣味是一种难能可贵的生活能力。

（7）低矮处的收纳：让独立动手成为一种习惯

从小培养孩子独立自主的能力，让孩子自己收拾玩具、衣服，自己的事情自己做，这是大多数家长看重的。好用的空间设计让培养好习惯变得更轻松。**家居收纳的法则不是柜子要多，而是就近收纳。**举个例子，如果卧室内有专属的衣帽区、随手挂取的吊挂区，那么你的衣服就不会“长”到椅子、飘窗上。对大人来说，不合理的动线会让家务变得繁重，凌乱随之而来，更何况孩子。

就近收纳可以更好地帮助孩子养成良好的收纳习惯。比如在游戏区旁增加低矮的收纳层，孩子玩完玩具后可以随手收起来。在客厅书架底层、玩乐区等处设置相应的收纳格（收纳篮），也是同样的道理。建议用开放式收纳柜搭配收纳篮的形式，代替柜门或抽屉，随时可见，随手收纳，更容易促进好习惯的养成。

儿童房游戏区地台床的就近收纳

客厅书柜底部收纳格，方便孩子自己收纳玩具

衣物收纳也是同理。如果儿童房衣柜是按照成人的身高、使用习惯来设计的，则不方便孩子收拾衣物。适合孩子身高的衣柜，孩子可以轻松挂取衣服，会激发他的自主性。比如采用卧室衣柜与高架床结合的形式，衣柜高度更适合儿童身高，也能提高空间利用率。也可以采用可调节挂杆的方式，量身定制衣柜收纳方案。

衣柜与高架床结合，适合孩子身高的收纳设计

（8）开放式厨房：让孩子参与家庭事务

多数选择开放式厨房的家庭，通常是考虑妈妈或者其他长辈的需求——可以更好地看到家人。开放式厨房很适合亲子住宅，很多时候孩子不是不愿意学习做饭。相反地，处在玩耍期的儿童是很愿意参与的。做饭对他们来说跟游戏没有本质区别，孩子会自然地享受和妈妈一起去做某件事的时光。

中西厨结合的开放式厨房，让孩子享受烹饪的乐趣

开放式厨房打破空间的隔阂，动线方便，孩子能够自由进出。加上方便的、人性化的操作和设计，孩子会更喜欢下厨。在享受快乐的同时，掌握一项生活技能，甚至发展为一种兴趣爱好，何乐而不为？至于很多家长担心的安全问题，其实很好解决。比如将刀具上墙、用火与用水分开、使用带防水盖板的插座、搭配专门用于操作的岛台等，这些基础问题交给设计师就好了。

5 沟通

创造亲子对话的契机，孩子和父母像朋友一样相处

父母工作忙碌、孩子作业繁重，如何将亲子时光相处得更有质量，是现代人越来越关注的问题。

一个有趣的变化是业主提出的设计需求在不断变化。以前沟通需求时，业主更多考虑外观和功能，比如喜欢什么风格、哪里需要做收纳、哪里摆家具。现在的需求是："我希望家人回到家后能好好交流""可不可以让家人不要老是对着电视机或者手机"……在这些需求的推动下，一些增进亲子沟通的室内设计手法越来越受欢迎。

（1）门洞：一个沟通的窗口

打造门洞是增进亲子沟通的有效手法，能让空间更有纵深感、更显开阔，还能让孩子感受到空间的乐趣，一举多得。

在封闭式厨房增加一扇窗，妈妈做饭不孤单，孩子在客餐厅玩耍时，也能随时跟父母沟通、分享自己的喜悦。厨房窗洞还能作为传菜口，做好饭菜后，让孩子帮忙把饭菜端到餐厅，也是一次有趣的亲子互动。

在厨房增加一扇窗，妈妈做饭不孤单

门洞常被用在厨房和餐厅之间、厨房和玄关之间，以及书房和客厅之间。门洞的形式多种多样：**可以是离地约 110 cm 高的一扇窗，可以是离地 20 ~ 40 cm 高的一个小门洞，也可以是完全落地的细长门洞。**门洞上可以加装玻璃，也可以使用推拉、上翻、百叶等不同形式的窗，根据空间情况和居住需求，做对应的选择即可。

不同形式的门洞，创造有趣的沟通形式

（2）开放空间：各自忙碌，也能抬头对话

如果说门洞为沟通提供了一扇窗，那么当空间的隔阂消失时，就可以创造更多对话的契机。这体现在亲子住宅设计中，有以下三个倾向。

第一，大客厅 + 小房间的设计手法深受欢迎。卧室主要承载睡眠功能，阅读、学习、休闲等集合在综合功能的大开放式空间内进行。家人不再一吃完饭就回到各自的房间。大空间让彼此互相看到，创造更多对话契机。

不少次卧或书房紧挨着客厅的户型，可以做半墙隔断，扩大门洞，将次卧融入公共空间；也可以挪动墙体，将卧室的部分空间让给公共区域，实现公共空间的最大化。

扩大门洞，串联空间

第二，复合功能是对公共空间的基本要求。功能分区的界限不再那么明显，比如客厅兼具观影、亲子阅读、玩耍等功能，餐厅兼具用餐、写作业、做手工等功能。家人聚在公共空间中，有更多的活动形式和相处形态，可以增进彼此的沟通。最典型的就是开放式格局，客厅、餐厅、厨房完全开放，妈妈可以边做饭边与坐在客厅的家人对话。

客厅、餐厅、厨房一体的公共空间

第三，朝向公共空间的凝聚力。有时候不大改格局，只改变门洞的朝向，就可以使空间更有凝聚力。比如下面这个住宅空间，原厨房门朝向玄关，将厨房门转向客餐厅，扩大厨房门洞的尺度，保证了玄关的完整性并完善了收纳功能。改造后，妈妈在厨房做饭时，孩子在用餐区玩耍或在黑板墙上画画，亲子能轻松对话。

厨房门从面向玄关改为面向客餐厅，妈妈做饭的时候可以跟孩子对话

（3）围坐式布局：刷手机也要待在公共区

有时小小的设计能将沟通的种子种在日常生活中。客厅围坐式布局就是颇受欢迎的、提升亲子沟通的设计手法。传统的“沙发、茶几、电视机”布局中，虽然大家都坐在一个空间内，但视线指向了电视机，没有产生交互。沙发的朝向会影响沟通效果。**围坐式布局的关键不是围合，而是舒适的坐姿。**围坐式布局没有主次之分，每一个座位都可以舒服落座，这样家人会下意识地想要待在客厅。

应用在家具上，比如自由移动座面的单元沙发或靠背模块沙发，可根据需要调整沙发的位置，让对话随时随地发生。又如近年来颇受欢迎的毛毛虫沙发，可舒服地窝在沙发里看手机，躺着晒太阳、撸猫……在客厅坐得舒服，就不会习惯性地躲到卧室看手机。家人面对面，不经意间就会产生对话。

舒服的座椅和可以晒到太阳的角落

自由的座椅、灵活的动线，围坐形式更有趣

小贴士

具有沟通导向的客厅布局方法

①小体量的两人位或三人位主沙发搭配轻便的单人沙发、可自由移动的坐墩，形成对话布局。

②沙发不靠墙，空间更灵动，孩子多了一条玩乐的动线。

③模块化、可灵活变动的沙发越来越受欢迎，让对话场景多样化。

④地台也是一种坐的形式，可增加客厅座位的多样性。

⑤取消茶几，或用小边几代替，释放出更多的活动空间。

⑥用地毯把整个地面变成玩乐区。

（4）长餐桌：父母与孩子平等共处

长餐桌在当代的私宅空间中很受欢迎，因其更实用，能更好地利用空间，同时能创造出更多的沟通场景。**如果说沙发的“坐”讲究的是舒适性，那么长餐桌的“坐”更注重功能性，为工作、学习、做手工等提供平等、共享的场所。**比起书房的封闭性，开放式餐厅更方便沟通。在很多家庭中，即使儿童房内有书桌椅，孩子还是会在餐桌上写作业，不仅便于父母在一旁辅导，还可以跟兄弟姐妹一起学习。

在长餐桌上，即使家人各做各的，比如孩子学习、父母在一旁看书或工作，家庭氛围是积极向上的，对孩子会有潜移默化的正向引导作用。长餐桌也是一个很好的家庭会议区，每周开一次家庭会议，让孩子感受小主人翁的身份，与父母分享日常点滴，共同管理家。这在无形之中会帮助孩子更好地做决策，增强孩子的自信心。

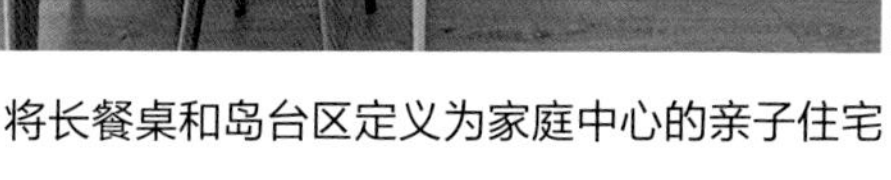

将长餐桌和岛台区定义为家庭中心的亲子住宅

有些家庭甚至特意让长餐桌成为空间的主角。对于小户型来说，相比以沙发为主的客厅布局，以餐桌为主的功能空间提供了更丰富的座位、多样化的生活场景，因此更实用。根据空间的实际情况，搭配小沙发或单椅，将传统客厅的功能次要化。

对于大户型来说，以长餐桌或者餐厨空间一体作为住宅的核心活动区，更多是基于家庭个性化生活方式的选择。亲子可以享受一起烘焙、做手工的乐趣。对孩子的成长来说，这是一种植根于生活的正向教育。

打破传统格局，以餐厨空间作为家庭核心区

以长餐桌为核心的空间布局，提供了一个设计思路：**虽然商品房的结构大致决定了空间格局，但在实际生活中怎样的布局才更符合自家的生活方式，让自己更好地享受在家的每一刻。**毕竟我们买房子、装修房子，不只是为了住，更是为了拥有更好的生活。

（5）开放共享的展示：承载话题的物品

照片墙上满载着家人的回忆，产生更多的对话

装修时我们习惯性地考虑硬装、软装，却容易忽略个人物品也是空间的重要存在。如果说空间的开放是让家人更好地看到彼此，那么物品的开放会让更多话题产生。每个人都有喜欢的物品、带有特殊回忆的物品以及独属于自己的物品，比如爸爸的手办、妈妈的香薰、弟弟的积木、姐姐的书籍等。在公共空间内分享属于自己的物品，会创造两种关系的链接。

一是链接人与空间的关系，公共空间中有属于自己、表达个性的物品，会让居住者对家更有归属感。**二是链接人与人的关系，**比如父母看到孩子在看的图书、在拼的积木，孩子好奇爸爸的手办、妈妈的摆件，可能随时就产生沟通的话题。带有回忆的纪念品、记录一年年变化的照片，都会让家人在日常相处的过程中话题不断。

开放书架上展示着父母和孩子的读物

6 场景

家的场景营造手法，打造恋恋不舍的归属感

归属感是人与空间的深度联结。家不是一个只有瓦片遮头的空壳，当空间与人产生深度联结的时候，在爱上家的某些瞬间，当家成为珍爱之物的时候，就会产生归属感，感受到自己被家温柔对待。

场景营造的手法越来越受到居住者的喜欢。在亲子住宅的设计中，人为创造的家居场景，除了带来源源不断的居住新鲜感，也创造出独属于“我家”的那份归属感，孩子能够更好地感受生活和父母的爱。

（1）玄关“家文化”场景：奠定回家的第一印象

玄关不只是放鞋的地方，更奠定了进门的第一印象。越来越多的家庭开始注重玄关设计，希望无论在外面经历了多少风雨，打开门的一瞬间就能被温暖与治愈。玄关也是体现“家文化”的地方。当玄关承载了家人喜欢的、个性的物品时，一回到家，归属感和安心感将油然而生。

玄关是承载“家文化”的地方

扩大玄关，营造有氛围、有艺术感的玄关设计手法越来越受欢迎。比如用灯光来营造温暖感，绿植与射灯相结合，用树影带来诗意，形成一个美好的场景。装饰艺术挂画和艺术摆件能提升空间品味，时不时更换作品，如同艺术画廊一样，让家时时刻刻有新鲜感。

对于亲子家庭来说，回到家迎接自己的不是脏乱的鞋子，而是美好的、时时有惊喜的画面，可以提升孩子的审美感受力。

干净整洁的玄关，每天回家都能感受到美好

强调艺术氛围与审美品位，可以成为玄关的设计本位

（2）家庭社交场景：节日活动的仪式感

越来越多的私宅设计，会考虑空间的仪式感。比如圣诞节、生日会等，适合朋友聚会、亲戚聚餐等场景营造。亲子住宅创造社交聚会的契机，可以让孩子开放地参与和理解社会交往，为其带来丰富美好的童年回忆。同时在自家举办聚会，也会增强孩子的自豪感和自信心。

颇受欢迎的大岛台与餐桌搭配，创造出有趣的聚会场所。在生日会或节庆的时候，大岛台可随节日变化更换圣诞树、春节年花、中秋装饰、生日装饰等，堆满节日的饰品与食物，更有仪式感。平常小朋友们也可以在岛台上烘焙、做手工，享受与好朋友玩在一起的美好童年。

在大岛台上举办生日聚会、节日聚会，带来生活的仪式感

营造节日的仪式感，创造美好的回忆

（3）具有氛围感的小场景：滋养品位，感受热爱

在家居空间内时时创造一些有氛围感的小场景、小角落，不仅居住者能够更好地感受生活，也是一堂化而无形的生活课。

具有氛围感的小场景可以让孩子拥有丰富的生活感受力，审美品位就是从这样的细节里培养起来的。比如单椅搭配落地灯、红茶和一本书，营造出温馨安静的场景。再如用假壁炉营造舒缓柔和的氛围，摆放一束花，播放一曲舒缓的音乐。在做室内设计的时候，结合空间环境与室外的风景，创造有氛围感的场景基础，才能更好地在日常生活中不费力地营造美好场景。

父母在家营造具有氛围感的小场景，孩子可以感受到父母对生活的热爱。父母积极向上的一面也会给孩子带来正面影响，将积极向上的种子从小植入孩子心中。

有氛围感的小场景，引导孩子向往美好的生活

温馨安静的阅读场景

（4）可变化的生活场景：时时有新鲜感的家

家的设计不是在装修结束时就结束了，而是在入住后开启一段新的旅程。选择小尺寸、轻便的家具，创造不断变化的生活场景，拥有一个可以时时变化的、住不腻的家。比如可移动小推车茶几、小型沙发、休闲单椅，以及一些软装单品等。不断变换家具布置会带来新鲜感，让孩子感受到变化。父母对家的营造和爱护，会让孩子感受到爱，身体力行地给予孩子正面影响。

不断变化的生活场景

变换家具布局，带来新鲜感

第3章

我的家居观与促进孩子正向成长的实践

1 有趣的物品会提升孩子的审美与幽默感

很多人的装修预算都是花在硬装或者大件、不容易更换的家具上。我的想法不太一样，**我会把预算更多地花在生活物品上。**大到一张沙发、一块地板，小到一杯一盘。首先，好的物品要在使用功能的基础上承载更多可能。其次，生活物品不是一成不变的，而是可以不断更新、置换。这样居住空间便有源源不断的新鲜感，生活就会给你带来很多预期之外的惊喜，你也会从心底更热爱生活，形成正向价值的良性循环。

我选家居物品的首要标准不是有没有用、够不够用，**而是要有趣**。有一次帮客户挑选装饰画，我看到一幅很有趣的画，就把它带回了家。孩子看到这幅画觉得很好玩，主动地跟我讨论它的内容、它是如何制作出来的，好奇地问我为什么买它，以及我喜欢它的原因。能够发现趣味的人通常情商不会太低。家居空间中的物品就是引导孩子发现趣味的一个很好的媒介。

有一次，我买了一套苹果造型的茶杯和盘子，悄悄地放在桌上。女儿发现后，将苹果切一片片的，整整齐齐地摆盘，然后端给我吃。孩子觉得这个餐具很有意思，会欣赏它，进而做出某些行为。这样的物品有时候可能比一节绘画课更能启迪孩子的想象力和审美趣味。

苹果造型的茶杯和盘子

有趣的物品会启迪孩子的心智：世界是丰富多彩的，趣味是源源不断的。从小接触有品质的物品，孩子自然能形成良好的鉴别力和判断力。有美感的物品可以让孩子感受到艺术的魅力……当然，我们买一件物品，不一定要预设它能产生怎样的功用或教育意义。**你可以相信只要是美的、好的事物，自然而然就能给到孩子正向的价值引导。**

一颗苹果的不同形态，有趣的物品能启迪孩子的心智

普通的灯具也可以有不普通的样子

物品也为家长有目的地引导孩子提供了一个恰当的契机。有时候我会借由物品跟孩子聊一些很实际的话题。比如家里的地板是什么品牌、花了多少钱、为什么要选它等，让孩子从小对物品、对金钱有认知。我家有一盏老式煤油灯，我跟孩子说：“爸爸、妈妈小时候是这样点灯的。你现在一按开关或者喊一声，灯就亮了。”孩子能体会到代际童年的不同，也会感知生活中很多理所当然的东西原来是来之不易的。

一些生活中的道理与其说教地讲出来，不如通过一些物品和话题，在合适的时机自然地和孩子聊起，孩子会更容易接受和认可。比如我买了一座 ClockClock 的时钟，孩子觉得很酷。它“长”得不常规，孩子很好奇它的运作原理，也欣赏它的设计美感。我跟孩子说：“你看上面的签字，这款时钟全球限量 950 座，我们家的是第 711 座。人生中所有的东西都有限量，没有无限量的东西，你的好朋友也一样，所以要珍惜你的朋友……”

引发孩子好奇心的 ClockClock 的时钟

有时候我还会借助物品跟孩子探讨一些偏哲学的、有深度的话题。很多家长总觉得孩子还小，怕他们理解不了，进而不会去跟孩子探讨一些自以为超乎其理解能力的话题。其实，**孩子听不听得懂、听懂了多少，并不是最重要的，重要的是你表达了**。

孩子是有感受力的，他能感受到一些东西，尽管不一定很明确。随着年龄的增长，孩子会慢慢地去理解道理、理解你、清晰地感受父母的爱。这个时候你与孩子在日常生活之外，多了一次深入沟通的契机。父母与孩子之间的情感和牵绊，会因为这些物品和话题变得更加深刻，这就是物品之于私宅空间超乎实用功能的意义所在。

2 想跟孩子沟通的时候，不妨让物品帮你传达

“做作业了吗？”“怎么还在看电视？”“赶紧去写作业！”……这样的对话经常发生在亲子之间。教育孩子的初心是好的，但方式不对、传达得不到位，就会产生反作用。我会特别留心这方面的问题。负面情绪和内在的抵触，很多时候会消磨孩子对事物的热情、兴趣和好奇心，父母可以有正向的沟通和引导方式。

物品就是生活里的缓冲物，可以帮助父母有目的地去沟通。比如我想提醒孩子去写作业时，不会直接跟他说“该去做作业了”，而会自然地借助家居空间环境创造一次沟通的契机。

想和孩子沟通一些话题的时候，我会先布置一个小场景，在场景里沟通

有一次，我把家里的盆景拿去养护，顺便买回了一棵栀子花。回家后发现女儿还没写作业，于是有了这样一段对话：

我：宝宝你们过来观察一下，这棵树和之前那棵树有什么不同？

儿子（认真观察后）：这棵树长了很多叶子，都是新叶子，全部打开了。

女儿：这棵树带着花苞，之前的树就没有。我很期待它开花！

（我表扬了孩子们的观察力，又和他们一起聊了关于这棵树的基本常识，比如它的名字叫栀子花、开花香香的、多久浇一次水等。）

我：那么你们有什么要跟妈妈表达的？

儿子：恭喜你，你又有新的追求了！

女儿：妈妈你真牛！

我接着对女儿说："你要不要先做完作业，然后我们一起去栀子花下喝茶、聊天？"女儿就很开心地去写作业了。

用温和的方式引导孩子，孩子有自驱力和目标，不是被迫地去写作业，这点很重要。我很少操心孩子的功课，日常生活中注重适当的引导，帮孩子养成习惯后，很多事情就是自然而然的了。更重要的是，物品产生对话的契机，**让我和孩子得以在不同情景、不同维度中去了解彼此。**

头顶爱心的陶瓷公仔

我会从孩子的表达中了解他的偏好、想法以及思维方式，也会引导他们去发现父母身上的正向价值，让孩子习惯性地去发现和关注事物美好的一面。在这个过程中，父母的正向行为会对孩子的认知和行为产生正面的影响。

还有一次，孩子被老师批评了。我没有在第一时间生气："为什么被老师批评了？怎么这么不乖！"质问一下子就会把你推到孩子的对立面，你就很难听到他的真实想法。我拿起家里的一个陶瓷公仔摆件，跟孩子说："宝宝，有没有看到这个人的脑瓜上顶了一颗爱心？老师就像这个公仔，虽然说的话不好听，但内心是为你好的。她也希望内心的想法像这颗爱心一样会飞，飞到你的心里去，但你可能感受不到。”再自然地说道：“老师批评你了，是不是有什么误会啊？”

先听听孩子怎么说，不是以居高临下的姿态，而是站在一个平等的角度跟他对话，孩子会把内心的想法告诉你。我还跟他打趣说：“看到满满的爱没有？这颗爱心正在飞向你。”他笑着向我白了一眼。

即使孩子因调皮被老师批评了，我也不会教他应该怎么做、不应该怎么做，而是跟他沟通，“有没有想过你的行为会让其他同学不开心，或者会给老师添麻烦”，启发他去自省、换位思考、产生同理心。

对于这样的话题，我会点到为止，让它尽快过去，然后和孩子聊其他话题。**调皮是孩子的天性，凡事要求他跟大人一样成熟、守规矩，反而是不合理的。**不用过分上纲上线，或者把事情放大到很严重的境地，有时候适当提醒就可以。

借助物品向孩子传达关于审美、有趣、品质等方面的正向价值

在日常生活中，可以通过物品和生活中的话题不断向孩子输出丰盈的正向价值：什么是美好的、什么是有趣的、什么是有爱的、什么是善良的……孩子会很容易代入、移情，自己判断是与非，知道什么事情可以做、什么事情不能做。

3 创造家居场景，让孩子向往美好生活

没有人不希望自己的生活是美好的。好的家居空间不仅让人住得舒服，还会让其更向往美好的生活。听起来很理想化，但要实现起来其实一点也不难。

我家的房子不大，但不会一成不变。这并不是因为我作为一名室内设计师具备设计能力，或者我想怎么改都能实现。家里的硬装虽然难以改变，但可以通过家具与饰品等的摆放和设置，**创造不断变化的、有意思的生活场景。**这是大部分人力所能及的。

在家里我时常会布置一个角落：插一束鲜花，摆放好物品，设置好灯光，点一支清香，躺在沙发上，静静地听一盘黑胶音乐。或者切好水果、准备好小茶点，在花影下喝茶、看书。布置的过程有一种创造美好事物的雀跃感，摆设的成果也会让人感到美好和放松。下一次换一个角落来布置，调整家具摆放的位置或者更换小物品，创造不同的情景，家就会不断带给你新鲜的感受。

布置好后，我还会以各种角度拍照，跟孩子分享我的“作品”。这也是一次很好的亲子沟通契机。照片里的美好会让孩子直观地感受生活的美好，引导他们去向往美好。我还会给孩子拍照，让他们看看自己在美好空间里的状态；或者让他们给我拍照，感受状态很好的妈妈。

正向行为的影响力是看得见的。当孩子看到照片里的场景很美，但自己有点驼背时，他会想要坐直一点，注意自己的形象。给我拍照的时候，会认真找角度，以求拍得好看，这个过程也有助于美感的养成。对孩子的教育不一定都发生在课堂上，可以通过家居生活里点点滴滴的行为，产生潜移默化的影响。这个过程也会启发孩子，去主动发现事物与他人美好的一面。

这样的认知也影响了我的设计思路。为客户做室内设计时，我非常注重“镜头感”。我会想象业主入住新家后，可能在家里的哪些地方拍照，以及哪个角度拍起来更好看。通过这些预设的行为场景，倒推空间布局和立面设计，引导业主在家拍照、布置。这样的空间与人是互动的，设计也会有生命力。

同一个角落，可以不断创造出新鲜的场景

让孩子看到美好的场景，看到场景里的自己

拍照看起来是一个表面的、无关生活本质的行为。有人认为摆拍很做作，甚至看到别人分享美图时，内心会想：这是摆拍吧？镜头以外肯定是一团糟。我看待事物的时候习惯去看积极的一面，认为镜头里美好的你就是美好的生活本身。拍照的过程是美好的，且是向往美好的；照片里的美好画面是你向往的生活，会触动你去追求更美好的生活。

当你从心底认为摆拍是一种虚伪的表现，它就不会为你的生活创造正向价值。但若你相信它是美好的、有价值的，拍照本身就能产生美好的效应。**用什么心态来看待生活，生活就会过成什么样子。**

这里分享一个小故事。有一天，家里买了很多好吃的。

爸爸（对我说）：你快过来吃，再不过来就没有啦！

我：我不着急，我的宝宝一定会留给我的。

我（对孩子说）：有好吃的你一定会留给妈妈的，对不对？

孩子：妈妈，你不要让我承诺，你只要相信我就好了。相信有好吃的，我就是会留给你的。

相信美好、选择美好，这也是我从孩子身上获得的一个启发。

4 开放式书柜
可以创造很好的家庭沟通场景

设计书柜的时候，很多人会担心不好打理或不够极简，而把书柜封闭起来。我偏向于把书柜做成开放式，**开放式书柜能创造一个很好的家庭沟通场景。**借助开放式书柜，可以帮助孩子养成良好的习惯。

做开放式书柜之前要考虑好把书柜放在什么地方。现在越来越多的人在客厅做开放式书柜，代替电视背景墙，既能避免电视机的干扰，也能让家更有阅读氛围，创造家人自然对话的契机。

先别急着规划书柜的布局，还要弄清楚家人的生活习惯、客厅物品的多少。在客厅里，经常使用的生活物品（如遥控器、拆快递的剪刀、常备药品，以及一些不想外露的杂物）

书柜不仅有藏书功能，还能提供重要的家庭沟通场景

该如何收纳呢？要将其归置妥当才不会乱丢。根据自己的生活习惯，判断是否需要预留封闭式收纳格、抽屉层，或使用收纳篮筐。

干净整洁永远是舒适和美观的基础。如果没有解决生活物品的收纳问题，开放式书柜就会慢慢地变成生活杂物的堆放处。**只有具备了舒适和美观，才会产生好的空间感受，你才会下意识地想要去感受和使用这个空间。**

在我看来，开放式书柜不仅是用来收纳，还是用来“看”的。让孩子看到父母在看什么书，让父母看到孩子在看什么书，这点很重要。孩子会对父母在看什么书产生好奇、会发问；父母知道孩子在看什么书、在想什么之后，借由书籍，开启与孩子沟通的话题。

“看见”本身就会产生力量。我经常跟业主说：即使你平常很少看书，也要把书都摆出来，甚至要“装模作样”地看书，也可以邀请孩子一起看书。整天口头催促孩子去看书，孩子很可能是听不进去的，甚至感到厌烦。不如发出一起去看书的邀请和行动，让孩子喜欢上看书，变成孩子看在眼里的、会去效仿的正向行为。孩子会感受到看书这个行为是平等的、自己主动参与的，而不是因为父母命令才去做的。好的习惯就是在日积月累的正向行为和正向认知中自然养成的。

孩子是被影响出来的，不是教育出来的。父母是孩子最好的生活榜样，不要忽略了正向行为的影响力。

父母的正向行为会帮助孩子养成好的习惯

除了收纳书籍，还可以放一些照片、有趣的物品。物品会增添趣味和装饰性，让家更有个性和归属感。随着物品的加入，**书柜会变成家庭的一面话题墙**，比如美好瞬间的留影、父母与孩子去旅游的明信片、参加活动的纪念品等，时不时唤醒一段记忆。可以在开放式书柜上展示自己喜欢的物品，与孩子分享也能增进家人对彼此的认识和了解，让亲子之间永远有聊不完的话题。

不同家人的书籍和物品并置在书柜内，要规划并明确各自的收纳区。这样孩子就可以很清楚地知道自己的书籍和物品用后要归置到哪里。要保持书柜的整洁，也帮助孩子养成良好的收纳习惯。在这个过程中，孩子也会有边界意识，知道哪里是我的、哪里是其他人的。

家有处于玩耍期的低龄儿童时，如果孩子经常在客厅玩玩具，那么最好规划有相应的封闭式收纳。比如在开放式书柜的低处或底部放置可轻松拿取的收纳篮筐，让孩子养成独立收纳的好习惯。将玩具收纳起来，孩子看书的时候就不会有过多的干扰因素，不容易分散精神，有助于专注力的养成。

家有学龄期的儿童，特别是处于小学、初中阶段时，建议将学习区和休闲、阅读区分开，做好明确的场景切分。公共空间的开放式书柜用来收纳孩子的课外读物；与学习相关的书籍，则建议收纳在孩子自己的房间。应有专门学习的区域，没有休闲书籍和玩具等干扰因素，可以帮助孩子更好地将注意力集中在学习上，提高学习效率，养成良好的学习习惯。

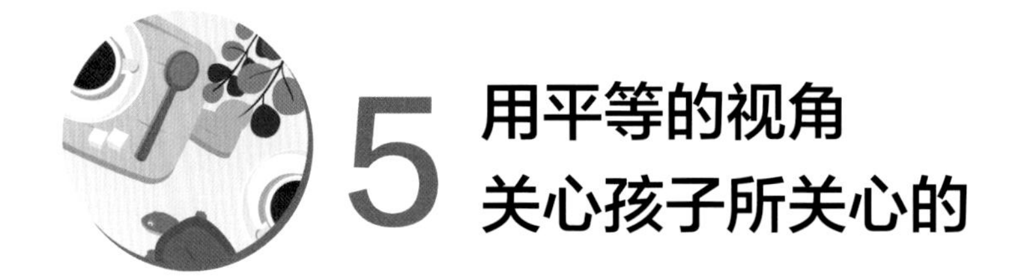

5 用平等的视角关心孩子所关心的

在父母的眼里，孩子永远是小孩。小孩与大人更多时候是一种对立关系。表现在家居空间的设计里，儿童的物品与父母的物品应各有所属；儿童房的家具要与成人的有所区分；儿童房与父母房的空间逻辑也应有所不同。

做室内设计时，应根据孩子的身高、心智、成长阶段等，去考虑相应的细节规划，这是基本要求。但我想提醒的一点是：**小孩与成人的界限，有没有那么大？** 比起差异，在家居生活中我会用平等的视角去定义与孩子的共处空间、相处方式。有时候，要让孩子站在大人的视角去审美、去思考；有时候，也要让父母站在孩子的视角，去理解他的喜好，看到他眼中看到的世界。

我不会觉得孩子的房间就是小孩的房间，与我无关，迎合他的喜好就可以了。我家的儿童房，除了功能上考虑孩子的安全、尺度、收纳等基本需求，没有幼稚的设计元素，看上去就跟大人的房间没有差别。其他人也会觉得好看，待得舒服，能融入其中。一方面，这样的设计更加实用；另一方面，我不想通过风格去暗示甚至去强化区别。**审美和品质应该是不分年龄，能够共同感知、共同分享的东西。**

同样地，每个孩子都有自己喜欢的东西，比如小男孩多喜欢奥特曼，小女孩多喜欢芭比娃娃，父母可能下意识地觉得这“与我无关”。在家居生活里，我反而很在乎这些孩子喜欢的东西。

儿子很喜欢家里的小乌龟西西，于是我会关心小乌龟开不开心。我给乌龟买了一个“别墅”缸，还认真帮它装修“大别墅”、收拾绿植，让它住得更开心。我会时不时地问孩子：“今天西西开不开心啊？今天状态如何呀？”孩子会和我分享乌龟的趣事、教我怎样养乌龟，感慨小乌龟都住上“大别墅”了，畅想他什么时候也能住上大别墅……当发现乌龟的一些有趣行为时，我也会开心地跟孩子分享，我们总有说不完的话。与孩子相处，尝试去打破常规的大人与小孩的边界，创造你们共同的话题和相处的美好瞬间。

女儿很喜欢房间里的台灯，觉得它很美，很爱惜它。我会给这盏台灯拍照，拍得美美的，然后跟她分享：这盏台灯真的很美，从不同角度看有不同的美感，还不忘表扬自己的拍照技术。女儿将照片发到朋友圈后，获得很多朋友点赞，她感到很开心，也很自豪。

对于孩子喜欢的小动物，我会在乎它们开不开心

对于孩子喜欢的物品，我会给它们拍照

孩子感受到父母跟自己像朋友一样平等相处，父母与自己是能够共情、一起分享美好的，亲子之间更能相互理解，也不会有越来越深的代沟。女儿很喜欢跟我聊一些朋友间的话题，比如班里哪个男生比较帅、长大后想做什么等。我觉得这跟日常相处模式是相关的，不要忽视了日常生活的力量。

我家有个窗台，那是个小小的、隐蔽的角落，是说悄悄话的地方。我和孩子常常窝在那里互相揭短、说一些小秘密，或者像朋友一样分享对未来生活的畅想，说一些心里话。**家居空间和物品可以无关紧要，也可以因为你的理解和使用，反过来成为让你的生活更美好、让家人关系更亲密的重要存在。**

孩子又被称为“小朋友”。为什么叫“小朋友”？当父母的视角侧重在“小”的时候，会强化差异；当侧重在“朋友”的时候，就会拉近距离。人类的很多情感和认知是共通的，父母与孩子之间除了亲子关系，也可以是相互分享的朋友。做家居空间设计的时候，不要忽略了人与人相处时本质的情感需求。

窗台是我与孩子说悄悄话的地方

6 生活里的仪式感给予孩子正向价值

越来越多的人开始强调生活的仪式感。仪式感不只是吃饭之前美美地摆盘、喝茶之前拍几张好看的照片，还可以是一次很好的亲子共处契机。那么，什么是家居生活的仪式感?

中秋节、春节吃团圆饭是一种仪式感；圣诞节全家一起装饰圣诞树是一种仪式感；每周开家庭会议，跟孩子讨论家庭事务，也是一种仪式感。春天的小苍兰、炎夏的莲蓬、秋日的柿子、冬季的郁金香，用四季变化的果蔬鲜花让家人感受时序变迁，也是一种生活的仪式感。

与其说是在进行某个固定不变的流程，不如说是在标记一个与孩子共处、共同感受的重要时刻。通过一些固定、重复的行为和动作，让孩子去感受时间、情感、文化传统。**仪式感慢慢地会演变成一种家人相处的默契、一种“家文化”。**

节日是一次有仪式感的亲子共处契机

日常的时光、居家的物品也可以承载生活的仪式感。家的任何一个时间节点、任何一个物品，都值得去和孩子沟通，都值得去为孩子构建正向成长的场景。

家的仪式感可能表现为一只饭碗。我家的饭碗每只都不一样。妈妈的碗是妈妈喜欢的，孩子的也是自己喜欢的。通过一只碗，孩子自然产生与他人的边界感。因为它是自己喜欢的、独特的，所以会很珍惜它。学会惜物，也尊重别人喜欢的，懂得待人。

我家平常是 5 个人吃饭，但有 6 只碗，剩下的一只碗是爷爷的。爷爷的忌日、过年过节的时候，会把爷爷的碗筷摆出来，再多加一把椅子。孩子很自然地知道当天是纪念爷爷的日子。他会感受亲情、传承，具象地感受到中国人传统的家庭文化。很多时候我们讨论仪式感、文化传统，听起来其是抽象、宏大的概念，其实就在我们日常生活相处的一个个微观行为里，并不是那么高深。

饭桌上的仪式感，给予孩子正向的影响

在我家，过节吃饭前，要先表达对家人的感谢。哪怕只是简单的一句：谢谢妈妈、谢谢奶奶。慢慢地，在日常生活中，妈妈帮孩子剥虾、奶奶准备早餐的时候，孩子会下意识地说一声“谢谢”。别小瞧了这个小习惯，它也是一种懂得感激、尊重他人的能力。

在家里有好的习惯，去到外面就会有好的能力。有一年的中秋节，我们全家去住民宿。民宿老板请我们一家吃饭，孩子会主动问我，要不要拿一杯茶敬老板表示感谢。在妈妈看来这是一个自然而成的好习惯；在别人看来，这就是一种懂得感恩、懂得社交的能力。

当看书成为一种习惯，孩子就会获得学习的能力；当发现美的东西、使用好的东西成为一种习惯，孩子自然就会有判断力；当趣味和灵感是一种生活的常态，孩子就容易获得幽默感；当亲子沟通成为一种习惯，孩子自然就懂得人际沟通，拥有共情能力和思维能力……

一张芭蕉叶就能成就生活里的仪式感

孩子是影响出来的，不是教育出来的。不要总是用能力去衡量孩子，或者衡量父母的教育成果。成长过程中除了要去培养孩子的能力，更要让他感受爱、情感和文化传统，让孩子成为一个有正向价值的人。有了正向的价值观，养成了良好的行为习惯，就会自然地转化为好的能力。

7 两孩家庭，没有公平就是最大的公平

家里有两个小孩的话，很多人都觉得公平很重要。无论是对待孩子的态度还是家里的房间、使用的物品，这个孩子拥有了，那个孩子也不能少。日常生活中有很多这样的场景：给姐姐买了一双鞋子，就得给弟弟买一个玩具；给姐姐买了一个杯子，就得给弟弟买一只碗；姐姐有个大房间，弟弟的房间也不能小，否则弟弟会感到不公平，会不开心。

每一段亲子共处时光，都是无可替代的

生活中有很多的理所应当，其实未必如此。**在我的家里，没有公平就是最大的公平。**比如买东西这件事，原则是谁需要给谁买，或者是考试成绩好、做了好事、表现很好的时候给的奖励。不会因为姐姐有了什么，所以弟弟就一定要得到另外的什么。

有了弟弟以后，姐姐跟我说："我觉得妈妈喜欢弟弟多一点。"我会跟她说："这是肯定的。不是因为你不优秀，我和弟弟在一起可以探讨关于奥特曼的东西呀！你一直在房间里学习，妈妈没去打扰你，跟弟弟玩得多，妈妈自然会喜欢弟弟，你的判断是对的。那么你帮我问问弟弟，妈妈是喜欢姐姐多一点，还是喜欢弟弟多一点？"

弟弟说："妈妈喜欢姐姐多一点，妈妈还经常跟姐姐一起去旅行呢！"

我会跟弟弟说："对呀，妈妈喜欢跟姐姐一起去旅行，但妈妈也喜欢跟你玩奥特曼。"

这种看起来有点敏感的话题，不要含糊回答，或者让它就这样过去。你与孩子的沟通方式，会决定这件事给孩子带来的是正向价值还是负面价值。我会明确地告诉孩子：是的，妈妈喜欢姐姐或者弟弟。因为我们在一起玩得很开心，或者有共同喜欢的东西、共同的话题、一段愉快的共处时光等。我不会去说公平与否，或者去比较给谁的爱更多。

人与人之间的情感本来就没有可比性，父母与任何一个孩子之间的爱都是不可替代的。不要因为看到了妈妈对姐姐的爱，而觉得自己不够被爱。爱是两个人之间的情感，与第三个人没有关系。爱的多少也不是用物品的多少来衡量的，爱就是爱本身。

每个孩子都是独一无二的，亲子之爱没有所谓的公平

多开宗明义地跟孩子去探讨这样的话题是有必要的，引导他去感受、去思考。孩子就不会在心里一直纠结这件事，不会在这个问题上有心理压力。一些时候我会借用其他物品或事件，主动提起这样的话题。比如给姐姐买东西的时候，会主动问她：现在你觉得妈妈是喜欢你多一点，还是喜欢弟弟多一点？直到孩子自己都觉得不好意思了，认为问这样的问题没有意义。

图书在版编目（CIP）数据

亲子住宅设计 ：打造让孩子正向成长的家 / 张海妮著. -- 南京 ：江苏凤凰美术出版社，2023.10
ISBN 978-7-5741-1275-9

Ⅰ. ①亲… Ⅱ. ①张… Ⅲ. ①儿童－房间－室内装饰设计 Ⅳ. ①TU241.049

中国国家版本馆CIP数据核字(2023)第161964号

出版统筹	王林军
策划编辑	庞　冬
责任编辑	孙剑博
责任设计编辑	韩　冰
特邀编辑	庞　冬
装帧设计	李　迎
责任校对	王左佐
责任监印	唐　虎

书　　名	亲子住宅设计　打造让孩子正向成长的家
著　　者	张海妮
出版发行	江苏凤凰美术出版社(南京市湖南路1号　邮编：210009)
总 经 销	天津凤凰空间文化传媒有限公司
印　　刷	雅迪云印（天津）科技有限公司
开　　本	710 mm × 1 000 mm　1/16
印　　张	11
版　　次	2023年10月第1版　2023年10月第1次印刷
标准书号	ISBN 978-7-5741-1275-9
定　　价	59.80元

营销部电话　025-68155675　营销部地址　南京市湖南路1号